谱效和能效优化的认知无线电网络资源分配

王 亮 著

西安电子科技大学出版社

内 容 简 介

　　针对认知无线电网络面临高谱效和高能效挑战的现状,本书主要介绍了认知无线电网络中高效的资源分配技术。全书共 5 章,首先介绍了认知无线电网络资源分配技术的研究背景及意义,接着详细介绍了分布式多信道认知多址接入协议和认知用户平均能效最大化功率分配方法,着重讨论了具有鲁棒性的功率分配方案(以实现认知用户的能效最大化),最后对认知无线电网络资源分配进行了总结和研究展望。

　　本书既可作为无线通信或计算机网络研究领域相关的学生、研究人员或从业人员的参考用书,也可作为无线网络资源分配领域的研究参考资料。

图书在版编目(CIP)数据

　　谱效和能效优化的认知无线电网络资源分配/王亮著. —西安:西安电子科技大学出版社,2021.12
ISBN 978 - 7 - 5606 - 6243 - 5

　　Ⅰ. ①谱…　Ⅱ. ①王…　Ⅲ. ①无线电通信—通信网—资源分配—研究　Ⅳ. ①TN92

中国版本图书馆 CIP 数据核字(2021)第 234841 号

策划编辑　刘小莉
责任编辑　刘小莉
出版发行　西安电子科技大学出版社(西安市太白南路 2 号)
电　　话　(029)88202421　88201467　　　邮　编　710071
网　　址　www. xduph. com　　　　　　电子邮箱　xdupfxb001@163. com
经　　销　新华书店
印刷单位　西安日报社印务中心
版　　次　2021 年 12 月第 1 版　2021 年 12 月第 1 次印刷
开　　本　787 毫米×960 毫米　1/16　印张　10
字　　数　118 千字
定　　价　45.00 元
ISBN 978 - 7 - 5606 - 6243 - 5/TN
XDUP 6545001 - 1

前　言

认知无线电网络（CRN，Cognitive Radio Network）由于允许非授权用户（认知用户）与授权用户（主用户）动态共享频谱资源，从而可以有效缓解可用频谱资源日益紧缺与已分配频谱利用率低下的矛盾，得到了学术界和产业界的广泛关注，成为新一代无线通信网络的重要形态之一。在认知无线电网络中，由于频谱资源的稀缺特性和认知用户传输功率的受限特性，如何高效动态地分配各种网络资源（如频谱、功率等），在不干扰授权用户正常通信的前提下提升非授权用户即认知用户的性能，获得良好的系统频谱效率（SE，Spectrum Efficiency）和能量效率（EE，Energy Efficiency），成为认知无线电网络领域的重要研究内容之一。

因此，针对认知无线电网络资源分配技术面临的高谱效和高能效挑战，本书在机会式（Overlay，该模式允许认知用户先进行频谱感知，若认知用户发现主用户信道空闲，则接入主用户频段进行传输）和下垫式（Underlay，该模式允许认知用户在对主用户造成的干扰小于允许门限的情况下，和主用户同时进行传输）认知无线电网络中，结合跨层设计、优化理论和鲁棒性设计，分别以提升频谱效率和能量效率为目标，研究高效资源分配机制的设计问题。本书的具体内容安排如下：

第 1 章首先介绍认知无线电网络提出的背景、基本概念和关键技术，随后详细介绍认知无线电网络资源分配的国内外研究现状。

第 2 章介绍分布式多信道 Overlay 认知无线电网络中，预约信道与数据信道的信道状态的不一致性以及数据信道传输能力的差异性未被充分利用而造成的空闲频谱使用效率低的问题，提出分布式多信道认知多址接入控制协议，该协议实现了对空闲频谱资源的高效共享。

第 3 章介绍 Underlay 认知无线电网络中，基于瞬时信道信息的静态优化方法不能够在快衰落场景中的所有衰落状态下保障认知用户的长期能效性能和主用户长期服务质量（QoS，Quality of Service）的问题，提出一种实现认知用户平均能效最大化的功率分配策略。

第 4 章介绍多信道 Underlay 认知无线电网络中，多个信道上非完美 CSI 将会极大降低认知用户能效并严重损害主用户正常通信的问题，提出一种具有鲁棒性的功率分配方案，在严格保障主用户 QoS 的前提下，该方案实现了非完美信道状态信息（CSI，Channel State Information）下认知用户的能效最大化。

第 5 章对全书内容进行总结，讨论了下一步研究工作思路，并对认知无线电网络的后续研究和未来发展的潜在方向进行了相关概述与展望。

本书由国家自然科学基金项目 62071283、61771296 和陕西省重点研发计划项目-重点产业创新链（群）（工业领域）2020ZDLGY15－09 资助出版。非常感谢陕西师范大学计算机科学学院王小明教授对本书出版给予的大力支持。同时，感谢西安电子科技大学通信工程学院信息科学研究所盛敏教授和团队老师、研究生在本书编写过程中给予的指导、帮助和支持。衷心感谢西安电子科技大学出版社刘小莉编辑和马晓娟老师为本书出版付出的辛勤劳动和提出的诸多有益的修改建议。最后，感谢陕西师范大学计算机科学学院物联网与普适计算科研团队的师生们对本书撰写所提供的帮助和支持。

由于作者水平有限，书中难免存在不足之处，欢迎广大读者批评指正。

王　亮

2021 年 9 月

目　录

第1章　绪论 ……………………………………………………………… 1

　1.1　研究背景及意义 …………………………………………………… 1

　　1.1.1　认知无线电的概念 ……………………………………… 2

　　1.1.2　认知无线电网络的研究进展 …………………………… 6

　1.2　认知无线电网络的关键技术 …………………………………… 11

　　1.2.1　频谱感知技术 …………………………………………… 11

　　1.2.2　动态频谱接入技术 ……………………………………… 15

　　1.2.3　功率控制技术 …………………………………………… 19

　1.3　研究现状及挑战 ………………………………………………… 21

　　1.3.1　机会式认知无线电网络中的多址协议设计 …………… 23

　　1.3.2　下垫式认知无线电网络中的平均能效最大化 ………… 25

　　1.3.3　下垫式认知无线电网络中的鲁棒性能效设计 ………… 27

　1.4　主要研究内容 …………………………………………………… 29

第2章　分布式多信道认知 MAC 协议 ……………………………… 30

　2.1　概述 ……………………………………………………………… 30

　2.2　系统模型与问题建模 …………………………………………… 33

　　2.2.1　主用户信道占用模型 …………………………………… 33

　　2.2.2　频谱感知模型 …………………………………………… 34

　　2.2.3　空闲信道最大接入持续时间 …………………………… 35

　　2.2.4　空闲信道上数据传输 …………………………………… 36

　2.3　CAM - MAC 协议 ……………………………………………… 37

　　2.3.1　控制信道上的握手机制 ………………………………… 38

　　2.3.2　空闲信道上的自适应传输 ……………………………… 40

2.4 协议性能分析 ………………………………………… 41

2.4.1 数据信道等效传输速率分析 ………………… 42

2.4.2 平均成功预约时长分析 ……………………… 44

2.4.3 协议最大吞吐量分析 ………………………… 46

2.5 性能仿真与分析 ………………………………………… 48

2.6 本章小结 ………………………………………………… 55

第3章 最大化认知用户平均能效研究 ………………… 56

3.1 概述 ……………………………………………………… 56

3.2 系统模型与问题建模 …………………………………… 58

3.2.1 认知用户发送功率模型 ……………………… 60

3.2.2 主用户服务质量模型 ………………………… 60

3.2.3 平均能效最大化问题建模 …………………… 61

3.3 迭代功率分配算法 ……………………………………… 63

3.3.1 原优化问题的等价转换 ……………………… 63

3.3.2 迭代功率分配算法 …………………………… 69

3.3.3 算法复杂度分析 ……………………………… 71

3.4 性能仿真与分析 ………………………………………… 72

3.4.1 认知用户平均能效性能分析 ………………… 72

3.4.2 平均能效与平均谱效性能比较 ……………… 75

3.4.3 信道增益对最优功率分配的影响 …………… 77

3.5 本章小结 ………………………………………………… 80

第4章 非完美信道信息下认知用户鲁棒性能效最大化研究 …… 81

4.1 概述 ……………………………………………………… 81

4.2 系统模型与问题建模 …………………………………… 85

4.2.1 下垫式认知无线电网络模型 ………………… 85

4.2.2 完美信道信息下能效最大化问题建模 ……… 87

4.2.3 信道参数不确定性建模 ……………………… 87

4.2.4 鲁棒的能效最大化问题建模 ………………… 89

4.3　鲁棒性能效最大化算法 ┄┄┄┄┄┄┄┄┄┄┄┄┄┄┄ 90
　　4.3.1　原优化问题的等价转换 ┄┄┄┄┄┄┄┄┄┄ 90
　　4.3.2　求解等价问题 ┄┄┄┄┄┄┄┄┄┄┄┄┄┄ 92
　　4.3.3　算法复杂度分析 ┄┄┄┄┄┄┄┄┄┄┄┄ 102
4.4　性能仿真与分析 ┄┄┄┄┄┄┄┄┄┄┄┄┄┄┄┄┄ 105
　　4.4.1　仿真参数设置 ┄┄┄┄┄┄┄┄┄┄┄┄┄┄ 105
　　4.4.2　仿真结果与分析 ┄┄┄┄┄┄┄┄┄┄┄┄ 107
4.5　本章小结 ┄┄┄┄┄┄┄┄┄┄┄┄┄┄┄┄┄┄┄┄ 117

第5章　总结与展望 ┄┄┄┄┄┄┄┄┄┄┄┄┄┄┄┄┄ 119
5.1　研究总结 ┄┄┄┄┄┄┄┄┄┄┄┄┄┄┄┄┄┄┄┄ 119
5.2　后续研究展望 ┄┄┄┄┄┄┄┄┄┄┄┄┄┄┄┄┄ 121
5.3　未来趋势展望 ┄┄┄┄┄┄┄┄┄┄┄┄┄┄┄┄┄ 122

附录　缩略词对照表 ┄┄┄┄┄┄┄┄┄┄┄┄┄┄┄┄┄ 127

参考文献 ┄┄┄┄┄┄┄┄┄┄┄┄┄┄┄┄┄┄┄┄┄┄┄ 131

第 1 章　绪　　论

1.1　研究背景及意义

信息化已经成为 21 世纪世界各国努力攀登竞相角逐的重要方向,其广泛而深刻地改变着人们的学习、工作和生活。作为实现信息交互的重要途径,通信技术,特别是无线通信技术引起了世界各国政府、企业和学术机构的广泛关注。1897 年,意大利科学家马可尼首次利用无线电波实现了真正意义上的远距离信息传输,宣告人类正式迈入无线通信时代。此后,随着社会经济的快速发展,为了满足人们日益增长的高速率、多业务和高移动性的通信需求,历经一个多世纪的蓬勃发展,各类无线通信系统,如蜂窝移动通信系统、无线局域网(WLAN,Wireless Local Area Network)、卫星通信系统、无人机网络、车联网、空天地一体化网络等百花齐放、百家争鸣。然而,作为无线通信基石的可用无线频谱资源正日益"枯竭",已经成为未来无线通信系统进一步发展的瓶颈。

迄今为止,世界上大多数国家均采用静态的频谱分配方式,即将可用的无线频谱连续地分成若干固定且非重叠的频段,每一个频段以独占方式授权给特定通信系统。根据美国国家电信和信息管理局(NTIA,National Telecommunications and Information Administration)的研究[1]表明:目前无线频谱已经十分拥挤,可用频谱资源所剩无几。类似地,从中国的无线频谱划分结果同样可以得出:可用频谱资源非常少。这种静态的频谱分配方式使得政府机构对频谱的管理变得十分便捷，然而该方法忽略了频谱资源使用在时间和地域上的不均衡性，使得已分配频谱资源利用率低下，从而造成了频谱资源的浪费。美国联邦通信委员会（FCC，Federal Communications Commission）的研究表明[2]，在美国大部分城市中，3 GHz 以下的已分配频谱的利用率一般在 15%～85% 之间，整体的平均利用率大约仅有 30%。特别是，对美国纽约、芝加哥等七个城市的 30 MHz～3 GHz 频谱占用情况实际测量发现，每个城市的频谱利用率最大值不超过 25%，而七个城市频谱利用率的平均值不超过 10%[3]。从这些已有的研究来看，目前静态的频谱管理策略是造成可用无线频谱匮乏的主要原因。

为了缓解可用频谱严重不足与已分配频谱利用率十分低下的矛盾，认知无线电（CR，Cognitive Radio）技术应运而生[4]。该技术允许非授权用户（即认知用户）与合法授权用户（即主用户）动态共享频谱资源。具体来讲，认知用户首先发现空闲频段，进而在该空闲频段上进行通信；当主用户重新占用该频段时，认知用户需要立即离开该频段，寻找其他空闲频段。据此可知，以不干扰主用户正常通信为前提，认知无线电技术通过灵活的频谱管理，从根本上改变了长久以来固定的频谱分配方式，从而有效地提升了无线频谱的利用率。

1.1.1　认知无线电的概念

1999 年，认知无线电的概念首次由 J. Mitola Ⅲ 博士提出[4]。历经数十年的发展，目前认知无线电的研究已经不仅仅局限于其最初的概念，相关研究机构和学者已经从各自的研究角度对认知无线电这个术语给出了不同的定义。下面分别介绍 J. Mitola Ⅲ 博士、FCC、Simon Haykin 教授和其他学者对认知无线电的相关定义与阐释。

1. J. Mitola Ⅲ博士的定义

2000 年，J. Mitola Ⅲ博士在其论文[5]中，结合计算智能、机器学习和自然语言处理等知识，认为认知无线电是指用户终端和通信网络在频谱资源与通信方面具有充分的计算智能，能够作为使用环境的函数来检测网络中每个用户的通信需求，并且提供合适的无线通信服务来满足所有用户通信需求的无线电。

更进一步，J. Mitola Ⅲ博士指出，认知无线电应该是一种具备学习能力的软件无线电(SDR，Software Defined Radio)，能够感知周围电磁环境，通过学习与推理来及时地对周围无线环境做出恰当的反应。

图 1.1 给出了 J. Mitola Ⅲ博士提出的认知环，其描述了认知无线电工作的基本原理，主要包括观察、学习、适应、计划、决策、行动等步骤。为了实现更为智能的个人通信，J. Mitola Ⅲ博士同时提出了无线电知识描述语言，使得智能终端能够与其通信网络进行智能的交流。J. Mitola Ⅲ博士从应用需求的角度出发给出了理想的认

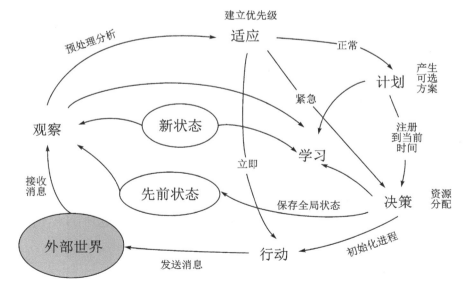

图 1.1　J. Mitola Ⅲ博士提出的认知环[4]

知无线电定义，并指出认知无线电是多门学科的交叉，最终可以实现智能的个人通信。

2. FCC 的阐述

2003 年，为了实现频谱资源的高效可靠共享，FCC 在研究报告[6]中指出，认知无线电设备应具备与周围无线环境交互，并据此来改变其发送机参数的能力，这种交互可能涵盖主动的协商或被动的感知与决策；并进一步指出，认知无线电设备可能基于软件无线电，但不要求具有现场可编程能力。

可以看出：FCC 是从频谱管理者的角度出发研究的，并没有对认知无线电的含义进行具体的规范，仅仅提出了对认知无线电的功能需求，但同时 FCC 制定了相应的使用规则，致力于该技术的推广与应用，以提高对频谱资源的高效利用。

3. S. Haykin 教授的定义

2005 年，关于认知无线电，通信权威国际电气与电子工程师协会 IEEE 终身会士 S. Haykin 教授从数字信号处理的角度出发，给出了如下表述[7]：为了实现任何时间和地点的高可靠性通信以及无线频谱资源的高效利用，认知无线电能够智能地感知周围环境并从中学习，从而实时地调整其相应的发送参数以适应周围环境的变化。

为了描述认知无线电与周围环境的动态交互，S. Haykin 教授进一步提出了基本认知环模型，如图 1.2 所示。该模型包括三个部分[7]：无线环境分析，包括估计干扰温度、发现频谱空洞以及估计网络中无线业务的统计特性；信道估计与预测建模，包括估计信道状态信息和容量；功率控制和动态频谱管理。

可以看出，S. Haykin 教授更加关注认知无线电所需的信号处理技术和自适应流程。

4. 其他学者的定义

此外，目前也有一些学者从不同的角度对认知无线电给出各自

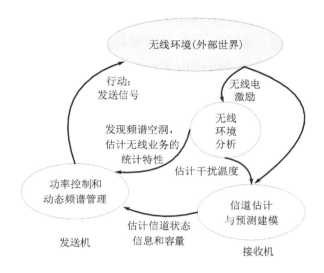

无线环境(外部世界)

行动:
发送信号

无线电
激励

发现频谱空洞,
估计无线业务的
统计特性

无线
环境
分析

功率控制和
动态频谱管理

估计干扰温度

信道估计
与预测建模

发送机

估计信道状态
信息和容量

接收机

图 1.2 基本认知环模型[7]

的定义[8-9]。例如,2004 年弗吉尼亚理工大学的 C. J. Rieser 博士等人指出[8],认知无线电不必是软件无线电的支撑。他们从生物学角度研发了一种基于遗传算法的可快速部署的应急通信系统,进而实现了一个具有感知功能的无线电演示平台。从信息论的角度出发,斯坦福大学的 A. Goldsmith 教授于 2009 年指出[9]:"认知无线电是一种能够智能地利用与其共享频谱的其他节点的所有可用边信息(如其他节点的活动性、信道条件、码本以及消息等)的无线通信系统。"换言之,认知无线电之所以能够提高无线通信网络的容量,是因为此类节点能够获取并利用其他节点的可用边信息。

综上所述,关于认知无线电,研究者们从不同的具体应用环境或者差异化的考量角度,给出了各自不同的定义。然而,不论这些认知无线电的定义在其内涵和外延上的细微差别如何,仅仅从该技术应用的具体需求来看,认知无线电设备均需要具有以下两种能力[10]:

认知能力(Cognitive Capability):具有该能力的认知无线电节点可以与周围电磁环境进行实时交互,从而确定在某个特定时间或特定位置哪些频谱空闲,并以此来选择最佳的频段进行通信。为了不干扰主用户的通信,认知用户需要控制其发送行为。

可重构能力(Reconfigurable Capability):该能力指的是一个认知无线电设备能够通过动态编程,在不同的载波频率上采用其硬件所支持的不同无线接入技术进行数据发送与接收。通过这种能力,该认知无线电设备能够选择并配置最佳的传输频率和最合适的发送参数。

1.1.2 认知无线电网络的研究进展

认知无线电网络(CRN,Cognitive Radio Network)是指由几种不同类型用户组成的无线网络[11-13],通常包括两类用户:合法拥有频谱资源的授权用户或主用户(PU,Primary User)和动态共享频谱资源的认知用户或次级用户(SU,Secondary User)。为了不损害主用户的服务质量(QoS,Quality of Service),认知用户需要具备认知无线电能力,通过感知周围环境来动态调整其发送参数,从而与主用户共享频谱资源,以提高已分配频谱的利用率[11]。其中,由主用户组成的网络称为主网络(Primary Network),由认知用户组成的网络称为次级网络(Secondary Network),其网络架构主要分为两类[12],即集中式和分布式,如图1.3所示。

1. 国外研究情况

由于能有效地缓解无线通信中可用频谱匮乏与已分配频谱使用效率低下的矛盾,认知无线电网络一经提出,就在世界大多数国家的通信领域引起了极大反响。很多世界著名大学、具有影响力的研究机构以及通信行业的大型公司都十分积极地投入到对此类无线网络的相关研究中。这里列举一些具有典型代表意义的研究。

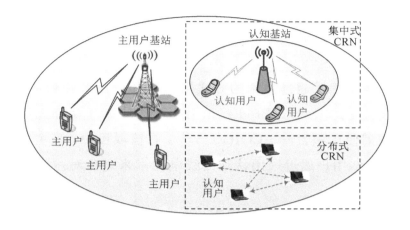

图 1.3　认知无线电网络示意图

- 频谱池（Spectrum Pooling）系统[14]

1999 年，J. Mitola Ⅲ 博士最早提出了频谱池的概念[4]。频谱池是一种能够使得具备多个收发设备的频谱用户在单一分配的无线频谱空间上相互共存的频谱管理策略。该频谱池的目标是在不做任何改变的情况下，通过让一个新的无线移动通信系统与一个已有的类似系统相互重叠，从而提升频谱效率（SE，Spectrum Efficiency）。该技术的应用之一是主用户能够向认知用户出租其未使用的部分频谱。一般来说，频谱池需要用户具备认知无线电能力。为了实现高效的动态频谱共享，2004 年，德国的 F. Jondral 教授在 IEEE 802.11 WLAN 和全球移动通信系统（GSM，Global System for Mobile Communications）共存的场景下，对频谱池开展了相关研究。

- XG 项目[15]

2003 年，美国国防高级研究计划局（DARPA，Defense Advanced Research Projects Agency）的战略技术办公室设立并资助了下一代通信计划（XG，neXt Generation program）。该项目的目标是发展一种具备新颖波形的通信技术和系统概念，能够动态地重新分配频谱资源，以便在全世界范围内实现军用通信系统性能的巨大提升。该项目的首要产品不是一种新颖的无线电设备，而是一系列关于动态频谱接入的先进技术。

- CORVUS 项目[16]

2004 年，为了通过协调的方式来检测和使用非授权频谱资源，美国加州大学的 R. W. Brodersen 教授提出了基于认知无线电的虚拟免费频谱使用项目——CORVUS[16]。在该项目中，当主用户占用频谱时，认知用户通过采用认知无线电技术来避免对主用户产生有害干扰。

- DRiVE/OverDRiVE 项目[17-18]

2000 年，为了在异构多无线电场景下提供频谱有效的高质量无线 IP 通信来传递车载内部的多媒体业务，欧洲电信标准协会（ETSI，European Telecommunications Standards Institute）资助了车载环境中支持 IP 业务的动态无线电项目——DRiVE[17]。随后，为了以高效的频谱利用率向用户提供多媒体服务，该机构开展了车载环境中支持频谱有效的单/组播 IP 业务的动态无线电网络项目——OverDRiVE[18]。

- E^2R 项目[19-20]

2004 年，为了研究一种有效的共存方式，以实现授权频段的蜂窝通信系统与非授权频段 WLAN 的无缝融合，欧洲电信标准协会在 DRiVE/OverDRiVE 项目的基础上开展了端到端重配置项目（E^2R，End to End Reconfigurability）[19]。为了进一步研究数字视频广播（DVB，Digital Video Broadcasting）、WLAN、蜂窝移动通信系统等多种异构无线接入系统的共存问题，该组织于 2007 年提出了 E^2R 第二阶段[20]。该项目通过量化干扰温度（IT，Interference Temperature）、挖掘异构网络在不同时间不同地理位置中无线资源分配的差异性，采用新的分析工具开展了深入的研究，并且通过开发演示系统来验证所提方案的有效性；同时，对欧洲相关国家的频谱使用情况进行测量，从而为该项目提供可靠的数据。

2. 国内研究情况

在我国，认知无线电网络的发展受到政府、电信运营商以及大学和科研院所的广泛关注和高度重视。2005 年科技部资助了"认知无线电技术研究"863 计划项目，由多所大学和研究机构开展了我国对该技术的初步探索。2008 年代表我国重大科技需求的国家 973 计划在信息领域研究专项中资助了"认知无线网络基础理论与关键技术研究"项目。该项目由北京邮电大学、电子科技大学、西安电子科技大学等 7 家单位共同承担，其目标为创建基于多平面的认知无线网络体系模型与理论，提出面向多域的认知理论与自主无线传输方法，建立资源管理和控制原理与机制，完成自主端到端重构理论。

3. 认知无线电网络的相关标准

- IEEE 802.22[22]

2004 年，IEEE 802.22 标准由美国电气和电子工程师协会（IEEE，Institute of Electrical and Electronics Engineers）正式提出，该标准是一个使用空白电视频谱的无线区域网络（WRAN，Wireless Regional Area Network）标准。该标准工作于 54 ～ 862 MHz 的 VHF/UHF 频段上空闲的电视（TV，TeleVision）频道，专门研究如何采用认知无线电技术来共享在不同地理位置上、未被使用的已经分配给电视广播业务的频谱资源，为偏远或者人口稀少的地区提供宽带接入服务。该标准是世界上第一个基于认知无线电技术在电视频段上实现机会频谱接入的空中接口标准。

- IEEE DySPAN - SC/IEEE P1900[23]

2005 年，为了研究未来无线通信技术与先进的频谱管理方法，IEEE 成立了 IEEE P1900 标准组，其主要目的是为不同的无线电设备与频谱设计总体结构，使这些设备之间能够共融互通，并实现动态频谱分配。2010 年，该标准组被更名为 IEEE DySPAN - SC

(Dynamic Spectrum Access Networks Standards Committee)，并将
IEEE P1900 原来的四个工作组扩展为七个，致力于研究动态频谱接
入无线系统、动态频谱接入的新技术以及与已有不同无线通信技术
之间的协调。

- IEEE 802.16h[24]

2004 年，为了解决全球微波互联接入（WiMAX，Worldwide
Interoperability for Microwave Access）系统中所面临的频谱资源紧
缺问题，IEEE 设立了 IEEE 802.16h 工作组。该工作组以认知无线
电技术为途径，来解决 WiMAX 系统之间以及其与其他通信系统的
共存问题，更进一步使得该系统可以在免费频段上获得应用。

- IEEE 802.11af[25-26]

IEEE 802.11af 标准又称 Super WiFi，于 2014 年 2 月被批准，
是一个运行在 TV 频段上的无线局域网标准。其主要特点是采用认
知技术"在电视频道之间使用较低频率的白色空间"与广播电视或无
线麦克风用户动态共享频谱资源。这里，"较低频率"在美国指的是
54～698 MHz频段，"白色空间"指专门为电视频道保留的缓冲频段。
随着电视由模拟向数字化的快速发展，这些保留频段也越来越失去
其原来的作用。更进一步，Super WiFi 所采用的频段具有较好的衍
射和绕射特性，能够大大提高其覆盖范围，特别适合向人口稀少的
偏远地区提供无线高速互联网服务。

此外，面向第四代移动通信系统(4G，the 4th Generation Mobile
Communication) 的第三代合作伙伴计划（3GPP，3rd Generation
Partnership Project)也对认知无线电网络表现出了浓厚的兴趣，并将认
知无线电特性写入 LTE 的演进版本(LTE - A，Long Term Evolution-
Advanced)Release 10 中[21]。

与此同时，在各国政府、跨国公司以及诸多标准化组织的共同
支持下，认知无线电网络在学术界也受到了格外的关注。目前，绝大

部分通信领域主流期刊都开展了有关认知无线电网络的专题，通信领域的顶级会议 IEEE INFOCOM、IEEE ICC 和 IEEE GLOBECOM 等每年都会将认知无线电网络作为必选议题进行讨论，而且关于认知无线电网络已经出版了不少具有影响力的书籍[11, 27-30]。由此可见，认知无线电网络正处于蓬勃发展期，关于该网络的相关研究成果将有效地支撑和推动未来无线通信系统的高速发展。

1.2 认知无线电网络的关键技术

在保障授权通信系统性能的基础上，为了高效地利用频谱资源，认知无线电网络要能感知周围无线环境并学习其变化规律，动态地调整认知用户的工作状态，以与主用户共享频谱。简而言之，认知无线电网络本质上包括两个核心功能：快速准确地发现频谱空洞（Exploration）与动态高效地利用该空闲频谱资源（Exploitation）。前者可以通过各种频谱感知与分析技术来实现，而后者属于本书所关注的资源分配范畴，主要包括动态频谱接入和功率控制等。因此，频谱感知、动态频谱接入以及功率控制等技术成为认知无线电网络的关键技术。

1.2.1 频谱感知技术

频谱感知技术主要关注如何及时高效地检测多维频谱空间（频域、时域、空域等）上的频谱空洞，从而发现适合认知用户当前进行通信的空闲频段。该技术是认知无线电网络得以广泛应用的基石。近年来，有研究指出，频谱资源空间还应该包括一些新的维度，如码域和角度域[31]。因此，频谱感知是对认知用户周围无线环境和传输机会的全面检测。如图 1.4 所示，根据实现功能的实体的不同，可以大致将已有的频谱感知方法分为三大类：基于主用户发送端的频谱感知技术、协作频谱感知技术和基于主用户接收端的频谱感知技术。

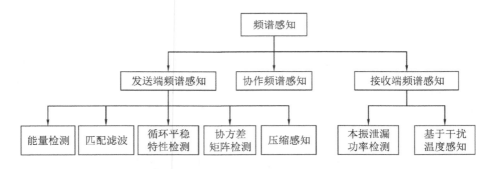

图 1.4　频谱感知方法分类

1. 基于主用户发送端的频谱感知技术

- **能量检测方法**[32-33]

能量检测又称为辐射测量，通过比较接收端能量收集器的输出信号能量与预先设定的接收噪声门限值来确定主用户信号是否存在。该方法是一种非相干检测方法，因而更具一般性，因为接收机不需要知道主用户信号的任何信息。由于其简单性和较低的复杂度，该方法成为最常见的频谱感知方法[31]。然而，当信噪比较低时，该方法的性能比较差，而且不能区分主用户信号与来自其他认知用户的干扰信号。

- **匹配滤波方法**[34-35]

当给定输入信号的信噪比时，匹配滤波器能够使得输出信号的信噪比最大。该方法通过相干处理，使得接收信号通过匹配滤波器后，达到最大处理增益。当已知主用户信号时，基于匹配滤波器的检测方法是最优的。然而，该检测方法需要针对不同的通信系统进行特别的设计，因此，该方法的主要缺点有：① 认知用户需要知道主用户发送信号的先验知识；② 认知用户需要与主用户的时间和频率同步。

- **循环平稳特性检测方法**[36-37]

该检测方法利用主用户信号具有的循环平稳特性来检测其是否

存在。循环平稳特性是指一种由于发送信号的周期性或者其统计性（如均值和自相关函数），或者是为了帮助频谱感知而人为引入的信号特征。该方法能够从噪声中区分主用户信号，因为噪声是一个不相关的宽平稳过程。更进一步，该方法能够区分不同类型的主用户信号。然而，该方法计算复杂度高且需要额外的开销，同时对射频端的非线性特征、邻道干扰和定时偏差等因素十分敏感。

- 协方差矩阵检测方法[38-39]

在认知无线电网络中，主用户信号的存在与否，会使得认知用户接收信号的协方差矩阵有着不同的特性。当主用户信号不存在时，接收信号的协方差矩阵只有噪声的部分，此时协方差矩阵的非对角线元素为零；当主用户信号存在时，该矩阵非对角线元素存在非零值，因为此时信号采样间存在相关性。因此，认知用户可以利用这一特性来检测主用户是否正在进行传输。而且，该方法不需要知道主用户的信号及噪声的先验知识。该方法的缺点在于需要对接收的信号进行大量的采样，导致复杂度较高。

此外，由于宽带通信系统的稀疏性（Sparsity）特征，相关学者将压缩感知（Compressed Sensing）理论[40]引入到频谱感知中来，取得了良好的效果[41-42]。

2. 协作频谱感知技术[43-44]

一般而言，由于无线信道的随机性以及用户之间干扰等因素的影响，单个认知用户的频谱感知结果往往不是十分可靠，从而使认知用户不能及时准确地发现可用的空闲频段。为了弥补这一缺陷，可以通过多个认知用户相互协作，信息共享，进行联合频谱感知来判断主用户是否正在进行传输。从具体的实现方式，协作频谱感知方法可以分为两类：集中式和分布式。该方法的优点是提高了检测可靠性，并且能够同时减少各检测器的检测时间。然而，该方法的信息交换过程会引入额外的开销，而且此开销一般与参与协作的检测器数量呈线性关系。

3. 基于主用户接收端的频谱感知技术[45-46]

主用户接收端检测方法是指认知用户通过检测主用户的接收机是否工作，来判断主用户是否正在进行通信的方法。目前主要包括本振泄漏功率检测方法和基于干扰温度感知方法。

- **本振泄漏功率检测方法**[45]

主用户接收端工作时，其收到的高频信号经过本地振荡器后会产生特定频率的信号，其中一部分信号将会从天线泄漏出去。通过检测这些泄漏信号，能够判断主用户接收端是否正在进行通信。然而，该方法的检测范围比较小，为了保证可靠性，其需要较长的检测时间。

- **基于干扰温度感知方法**[46]

干扰温度感知是一种测量预期产生干扰的方法，由 FCC 于 2003 年提出[47]。具体来讲，认知用户需要预测其通信在某一频段上对主用户接收端能够造成多大干扰，并将该干扰值称为干扰温度。只要认知用户所产生的干扰温度小于主用户给定的门限值，则该认知用户就能和主用户共享该频段。目前，常用的干扰温度感知方法有多窗谱估计、加权交叠段平均等[7]。

综上所述，可以看到：各种频谱感知技术在对主用户的检测灵敏度、实现复杂度、引入的额外开销、对主用户的先验知识需求等方面，各有所侧重。在实际应用中，研究人员需要根据认知无线电网络的具体应用场景和特定业务需求，权衡选择适合特定情况的最佳频谱感知技术。值得注意的是，虽然频谱感知技术属于物理层技术，但是其直接决定着认知用户能否快速准确地发现频谱空洞。其性能的优劣直接影响认知无线电网络链路层的多址接入协议（MAP，Multiple Access Protocol）以及路由层和其他高层的相关协议设计，进而影响整个认知无线电网络的系统性能。

1.2.2　动态频谱接入技术

认知无线电网络中，当通过频谱感知找到空闲频段之后，多个认知用户如何使用该频谱是一个关键问题，即频谱接入问题。一般来说，如图 1.5 所示，按照频谱管理方式，可以将无线网络中的频谱接入方式分为静态频谱接入和动态频谱接入。

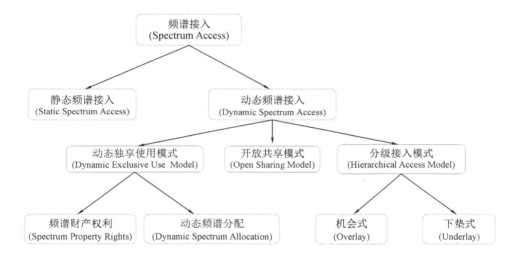

图 1.5　动态频谱接入方式分类

静态频谱接入方式仍然是目前大多数国家的频谱管理部门主要采用的频谱分配方式。该方式的分配流程主要包括频率需求分析、调研规划、协调与审定及频谱指配等[48]。静态分配方式的优点是管理简单，各个通信系统之间相互干扰小和具有较好的安全性。然而，其存在以下主要缺点：授权频谱的所有权很难更改；给定授权频段上业务类型也不能改变，如果该业务不再使用这段频谱，就会导致频谱资源浪费，例如，分配给 TV 的频段由于数字电视的出现而逐渐变得空闲；特定授权频谱上指定的使用方式未曾考虑不同地理位置的影响，例如，将某个频段授权给蜂窝系统之后，未充分考虑城市与乡村的区别，该频段在市区由于人口密集可能十分拥挤，而其在乡村则可能利用率非常低下。上述缺点是静态频谱接入方式所固有的弊端，这种命令与控制的管理方式极大地降低了已有通信系统对频谱资源的利用率。

动态频谱接入主要决定认知用户是否接入当前频谱，以及如何在多个认知用户之间共享该频谱从而达到网络层面上的性能最优。动态频谱接入允许多种不同类型的用户灵活动态地共享频谱资源，从而提高对频谱资源的利用率。随着认知无线电概念的提出与认知无线电网络的发展，为动态频谱接入提供了技术支持。认知用户通过观察、学习、推理并且动态调整其状态以适应周围无线环境的变化，进而能够灵活、动态、高效地与主用户共享已分配频谱资源，从而更加有效地提升对已分配频谱的利用率。

如图 1.5 所示，根据频谱共享模式的不同，认知用户与主用户动态共享频谱资源的动态频谱接入技术可以大致分为以下三类[49]。

1. 动态独享使用模式(Dynamic Exclusive Use Model)

动态独享使用模式仍然保留着当前静态频谱管理政策的基本结构：频谱带宽以独占方式授权给特定服务。其主要思想是通过灵活的频谱管理来提高频谱使用效率。从实现方式角度，这种模式可以进一步分为两类：频谱财产权利[50-51]和动态频谱分配。前者允许频谱持有者去买卖或交易频谱，同时可以自由地选择传输技术，因此，经济和市场规律能够在其中发挥更重要的作用，从而为有限的频谱资源找到利润最大的使用方式。虽然这种实现方式的频谱持有者能够以收益为目标租赁或交易频谱，但是频谱共享是不允许的。后者主要是由欧洲的 DRiVE 项目[17]引入的，其以提升频谱效率(简称谱效)为目标，通过挖掘不同类型服务在空间和时间上的业务特性，来动态分配频谱资源。与目前静态频谱分配政策相比，这种实现方式虽然可以在一个更短的时间内进行调整，但是在一个特定的区域和时间内，频谱仍然是分配给特定服务独享的。

可见，动态独享使用模式仍然不能够消除由无线业务突发特性所引起的频谱空洞。换言之，动态独享模式仍然不是解决目前已分配频谱资源利用率低下的有效途径。

2. 开放共享模式(Open Sharing Model)

开放共享模式也被称为频谱公共模式（Spectrum Commons Model）[52-53]，是一种在同等用户之间，采用开放共享的方式作为管理特定频谱基础的模式。由于运行在免费工业科学医疗（ISM，Industrial Scientific and Medical）频段上的无线业务（如 WiFi）的巨大成功，这种共享模式得到了学术界和产业界的广泛拥护。该模式可以采用集中式[54-55]或者分布式[56-58]频谱共享策略。然而，该频谱共享模型需要指定一个免费频段让同等用户之间共享，而目前可用的频谱资源已经极其匮乏，因此严重地阻碍了该共享模型的应用与推广。

3. 分级接入模式(Hierarchical Access Model)

分级接入模式在主用户和认知用户之间采用一种分级接入结构，其基本思想是将授权频谱开放给认知用户，同时限制认知用户的传输对主用户接收端产生的干扰。该模式中，有两种方式能够实现主用户和认知用户之间的频谱共享[11-12, 28, 59-60]：下垫式（Underlay）和机会式（Overlay），如图 1.6 所示。

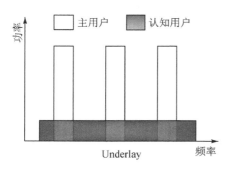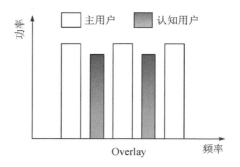

图 1.6　Underlay 和 Overlay 动态频谱接入模型示意图

下垫式（Underlay）是指当认知用户对主用户产生的有害干扰小于一个预先设定的干扰门限值时，允许认知用户与主用户在同一授权频段上同时进行通信。通常，将该干扰门限值称为干扰温度。这种频谱共享方式并不要求认知用户必须通过频谱感知发现频谱空洞之后，才能够进行传输。当认知用户需要很高的传输速率时，其可以在一个很宽的频段采用扩频技术，如超宽带（UWB，Ultra Wide Band）技术和码分多址（CDMA，Code Division Multiple Access）技术。下垫式频谱共享简单易行，而且允许认知用户一直进行数据发送，因而获得了学术界和产业界的广泛关注。

机会式（Overlay）最初由 J. Mitola Ⅲ 博士在资源池的概念中提出[61]，随后被美国军方 DARPA 在 XG 项目中将其定义为机会频谱接入（OSA，Opportunistic Spectrum Access），并对其进行研究[47]。在这种模式下，认知用户首先需要通过频谱感知来检测主用户是否正在进行通信：当发现频谱空洞时，认知用户就在该空闲频谱上进行传输；当主用户重新占用频谱时，认知用户必须马上让出该频谱，不能够干扰主用户的正常通信。不同于下垫式，该接入方式仅仅限制认知用户何时何地哪段频谱能够进行发送，但是对认知用户的发送功率没有严格限制。该频谱接入方法可以应用于时分多址（TDMA，Time Division Multiple Access）、正交频分多址（OFDM，Orthogonal Frequency Division Multiplex）和频分多址（FDMA，Frequency Division Multiple Access）等无线通信系统。

综上所述，可以看出，下垫式允许认知用户一直进行数据传输，而机会式对认知用户的传输功率没有限制，二者在动态频谱共享方面各具优势，因而在认知无线电网络中呈现出共存互补的态势。

需要指出的是，不同学者从不同的角度出发提出的认知无线电网络中认知用户和主用户的频谱共享模式的分类存在一些差别。例如，文献[9]将认知无线电网络中认知用户与主用户的频谱共享模式分为三类：overlay 模式、interweave 模式和 underlay 模式（由于不同分类模式下的名字相同但具体含义稍有差别，因此这里采用首字母小写以表示和上述分类方法中的差别）。具体来说，在 overlay 模式下，认知用户需要提前知道主用户的信号信息，并采用先进的信号处理技术，从而与主用户同时进行传输；在 interweave 模式下，认知用户先周期性地感知主用户的频谱，直到有信道被检测为空闲时，机会地接入该空闲信道；在 underlay 模式下，认知用户可以不用考虑主用户是否在传输，能够一直接入主用户的授权频谱，只要其对主用户的干扰严格地小于一个预先设定好的门限值即可。本书沿用目前比较主流的分类方法，即在认知无线电网络中，将频谱共享模式分为 Underlay 和 Overlay 两种模式[11-12, 28, 59-60]。

　　如前所述的动态频谱接入模式主要在讨论主用户和认知用户之间如何共享频谱资源。然而，在认知无线电网络中，同时需要考虑多个认知用户之间如何共享频谱资源。换言之，动态频谱接入需要完成两个任务：认知用户和主用户如何共享频谱；多个认知用户之间如何共享频谱。前者可以由上述讨论的三类接入模式来解决。对于后者，可以借鉴无线通信系统中已有的多址接入技术，来设计多个认知用户共享频谱的策略。而认知无线电网络中的媒质接入控制（MAC，Medium Access Control）协议的目标正是同时完成上述两个任务，即协调认知用户与主用户之间以及多个认知用户之间的传输，从而提高频谱利用率。

1.2.3　功率控制技术

　　在认知无线电网络中，认知用户与主用户动态共享频谱的基本前提是严格保证主用户的正常通信质量，即认知用户的传输不能够对主用户的通信产生有害的干扰。而功率控制技术能够根据认知用户周围无线传输环境的具体状态来及时地调整其发送功率，进而有效地控制认知用户对主用户所造成的干扰,因此该技术成为认知无线电网络研究领域的一个热点问题[11,28,60,62-66]。

认知无线电网络中功率控制主要有两个目的:一是降低认知用户对主用户的干扰,二是减少多个认知用户之间的相互干扰。通过前者,认知用户能够找到更多可用频谱资源;通过后者,多个认知用户能够同时高效共享空闲频谱资源从而提高对空闲频谱的利用率。作为认知无线电网络中所独有的问题,前者也成了相关功率控制研究关注的焦点。当主用户出现或者没有可用频谱资源时,认知用户可采用 Underlay 方式与主用户共享频谱,通过适当地调整其发射功率,将对主用户的干扰控制在主用户能够容忍的干扰门限之内,从而继续在原有的频段上传输。

此外,在保证不对主用户产生有害干扰的前提下,功率控制技术还应该保障认知用户的服务质量(QoS)。可见,功率控制在认知无线电网络中起着至关重要的作用[28,60]。通过功率控制技术,不仅能避免认知用户对主用户造成有害干扰,还能缓解认知用户对其他认知用户的干扰,从而有效提升频谱资源利用率。根据执行功率控制算法实体的不同,已有的功率控制方案大致可以分为两类:分布式功率控制和集中式功率控制。

分布式功率控制主要针对没有中心控制节点的认知无线电网络。该场景下,各个认知节点独立地调整其自身的发送功率,试图最大化自身的收益或者效用。博弈论成为此类功率控制的一个主要技术途径[60,64]。然而,由于没有中心控制节点,各个认知节点之间进行信息交互需要较大的开销。此外,各个认知节点的传输之间相互干扰,降低了对空闲频谱的使用效率。

集中式功率控制在无线通信系统中一般通过基站统一分配来实现,因此其不需要用户之间交互信令。该方法能够提供较大的覆盖范围和比较理想的接收性能。由于简单易行,集中式功率控制在多种无线通信网络(如蜂窝网络和认知无线电网络等)中引起了很多研究者的广泛关注与深入研究[63, 65-66]。然而,不同于传统的集中式功率控制,认知无线电网络中的集中式功率控制面临着更严峻的挑战。在该场景下,功率控制不仅需要考虑空闲频谱的动态性以确保对主用户的干扰在其能够承受的范围内,还要考虑认知用户之间的干扰抑制,从而尽可能地满足其 QoS 需求。因此,集中式功率控制成为了认知无线电网络中一个重要且极具挑战性的研究方向[63, 65-66]。

1.3 研究现状及挑战

如前所述,认知无线电网络能够感知周围电磁环境,学习环境变化规律并且实时动态调整其内部状态,从而适应周围环境变化,进而为用户提供个性化的服务。该网络能够有效地缓解目前无线通信发展中所面临的可用频谱短缺和已分配频谱利用率低下的矛盾。因此,谱效成为衡量认知无线电网络性能的首要指标。在 Overlay 认知无线电网络中,认知 MAC 协议根据物理层频谱感知的结果,在保障主用户正常通信的前提下,研究如何在多个认知用户之间高效地共享已发现的空闲频谱资源,进而提升频谱使用效率[11]。因此,为了提高谱效,本书的第一个研究内容关注:在 Overlay 认知无线电网络中,如何采用跨层思想设计有效的 MAC 协议,使得多个认知用户之间能够高效共享空闲频谱资源。

另一方面,随着高速增长的无线通信业务,无线通信系统对能量的需求日益激增。据统计,移动无线通信"贡献"了全球信息与通信技术(ICT, Information and Communication Technologies)温室气体排放的 9%[67]。对于运营商而言,其高于 50% 的能量消耗出现在蜂窝系统的无线接入侧。因此,以提高系统能量效率(EE, Energy Efficiency)为目标的绿色通信得到了学术界的广泛关注。与此同时,能量效率(简称能效)也逐渐成为衡量无线通信系统性能的一个重要指标。相比非认知无线通信系统,能效对于认知无线电网络尤为重要[68],这是因为认知无线电网络需要消耗更多的能量来实现一些额外的功能。例如在 Overlay 认知无线电网络中的频谱感知,在 Underlay 认知无线电网络中获取主用户的信道状态信息等。更有趣的是,能效设计在 Underlay 认知无线电网络中还能够部分缓解对主用户的干扰,从而能够同时提升认知用户和主用户的 QoS,这是因为能效最大化需要兼顾数据速率大小和发送功率消耗,并不总是以最大功率进行信息传输。而且有研究表明:无线网络接入侧的功率放大器消耗了其 $50\% \sim 80\%$ 的能量[68-72]。因此,在 Underlay 认知无线电网络中,十分有必要通过功率控制来提升认知用户的能效。

目前,针对非认知无线电网络的能效研究已经取得很多成果[73-80]。然而,关注认知无线电网络中能效设计的工作相对较少[81-84]。更进一步,这些关于能效的已有工作多数仅仅根据瞬时信道状态信息(CSI, Channel State Information)进行静态优化,其仅适用于慢衰落场景下的能效最大化设计。然而,在快衰落场景下,认知用户的能效和主用户的 QoS 需要在所有衰落状态下同时进行考量。因此,在快衰落场景的所有衰落状态下,如何保障主用户的 QoS 并最大化认知用户的能效是本书的重要研究内容。

另一方面,已有关注能效的研究工作普遍采用了一个假设:CSI 是准确的或者完美的[73-84]。众所周知,由于无线信道的随机特性、信道估计、用户的移动性等诸多因素影响,无线 CSI 不可避免地包含误差或存在不确定性(Uncertainty)。这些误差极大地影响了无线通信系统的性能,特别是在认知无线电网络中可能导致认知用户对主用户的有害干扰不能够严格小于干扰门限值,进而严重阻碍主用户的正常通信。因此,当 CSI 不确定时,如何在严格保障主用户正常通信的同时来最大化认知用户的能效,即 Underlay 认知无线电网络

中，非完美信道信息下具有鲁棒性保障的能效最大化设计是本书关
注的第三个研究内容。下面分别详细介绍这些研究方向的国内外研
究现状以及所面临的挑战。

1.3.1　机会式认知无线电网络中的多址协议设计

认知 MAC 协议设计的优劣直接关乎认知无线电网络能否高效
地利用空闲频谱资源，因而成为认知无线电网络，特别是 Overlay 模
式下的一个热点研究方向，已经得到了很多研究者的广泛关注。由
于 Overlay 认知无线电网络中额外的能量消耗较多集中在频谱感知
功能上，而频谱感知不是本书关注的主要内容，因此，本书目前仅关
注该场景下的谱效最大化设计。认知 MAC 协议的目标是提供一种
有效的频谱接入方式，来及时动态地调度多个认知用户，从而最大
化频谱利用率，同时严格控制认知用户对主用户的干扰。目前，已有
的认知 MAC 协议从接入技术上大致可以分为三类，如图 1.7
所示[85]。

（1）随机接入 MAC 协议：此类多址接入协议不要时间同步，基
本上采用基于载波侦听冲突避免（CSMA/CA, Carrier Sense Multiple
Access with Collision Avoidance）的原则。认知用户在随机退避一段
时间后，首先侦听一个选定频段。当主用户和其他认知用户在该频
段上没有进行传输时，则该认知用户进行数据发送；否则，该认知用
户继续侦听信道。

（2）基于时隙接入 MAC 协议：此类多址接入协议需要全网时隙
同步，协议中用户的控制信息和数据信息都是基于时隙进行传输的。

（3）混合接入 MAC 协议：在此类协议中，控制信息的交互一般
采用同步的时隙方式。然而，紧接着的数据传输采用随机接入方式，
因而不需要时间同步。另一种不同的实现方式是：将控制信息交互
和数据传输组成一个所有用户已知的超帧。在这个超帧内，控制信

息交互或数据传输均采用随机接入方式。

此外，从适用的网络架构上来看，认知 MAC 协议可以分为：集中式 MAC 协议和分布式 MAC 协议。从每个认知用户所具备的收发机数目来考量，认知 MAC 协议又可以分为：单收发机 MAC 协议和多收发机 MAC 协议。

图 1.7　认知 MAC 协议分类

目前，关于认知 MAC 协议的研究较多关注基于多信道的认知无线电网络。此场景下，认知用户可以在多个信道上进行频谱感知，从而选择空闲频段进行数据传输。这是因为：一方面，在相同带宽下，多信道 MAC 协议与单信道 MAC 协议相比，具有更好的系统性能[11]；另一方面，主用户的数据传输一般在多个信道上进行，因而频谱空洞也往往出现在多个离散的信道上。针对该场景，已有研究[94,98-99]提出一种包含公共控制信道[100]（CCC，Common Control Channel）（即预约信道）和数据传输信道的混合多址接入协议架构。

具体来说，B. Hamdaoui 等人在文献[94]中提出了 OS – MAC 协议。该方案在控制信道上基于预设窗口周期来传输控制信息，协调认知用户，而在数据信道上采用 IEEE 802. 11 DCF(Distributed Coordination Function)[即传输数据之前不采用 RTS(Request To Send)/ CTS (Clear To Send)进行预约]进行数据传输。Su Hang 等人在文献[99]中综合考虑了频谱感知和 MAC 层的数据分组调度，提出了基于跨层设计的多址接入协议。其在控制信道上采用 p-persistent CSMA预约，在每个数据信道传输一个固定长度的数据分组。Zhang Xi 等人在文献[98]提出了 CREAM – MAC 协议，在控制信道上采用 4 次握手协议实现认知用户之间的信道预约，在数据信道上认知用户在其所预约的每个空闲信道上均传输一个定长数据分组。

　　然而，已有的工作大多数没有考虑或者忽略了控制信道和数据信道之间的不一致性[94, 98-99]。即在认知无线电网络中，控制信道和数据信道占用不同的频谱资源，因而控制信道具有好的传输条件并不能够保证数据信道也同时具有好的传输条件。而且已有的大多数认知 MAC 协议都未曾考虑如何对抗多个空闲授权信道上的衰落特性，进而充分利用这些空闲信道上差异化的传输速率。这些问题严重地制约了网络中认知用户对空闲频谱资源的高效利用。

　　因此，在分布式多信道 Overlay 认知无线电网络中，如何设计一种高效的认知 MAC 协议来克服 CCC 与数据信道之间的信道状态不一致性，同时充分利用多个数据信道的不同衰落特性，从而提高认知用户对空闲频谱资源的利用率是该场景下频谱共享的一个难点问题，同时也是本书关注的第一个研究内容。

1.3.2　下垫式认知无线电网络中的平均能效最大化

　　发送功率(或传输功率、发射功率)作为无线通信网络，特别是认知无线电网络中一种十分重要的资源，其分配的好坏不仅直接关系到整个网络性能的优劣,而且关系到用户设备的待机时长。功率控制作为一种重要的链路自适应技术,通过对不同用户的发送功率进行灵活的控制,从而能够有效地提高无线通信系统的整体性能[28]。在认知无线电网络中,由于主用户和认知用户的优先级不同,认知用户需要动态地调整其发送功率,以保证对主用户的有害干扰小于给定门限值,同时需要提升自身通信性能。按照功率控制所追求的目标,认知无线电网络中功率控制可以分为传输速率或容量最大化[62]、发送功率最小化[63]、效用函数最大化[64]等。

然而,随着绿色通信技术的发展,能效在未来通信系统中变得越来越重要。根据文献[68]~[72],对于很多运营商来说,其高于50%的总能耗是消耗在蜂窝系统的无线接入侧。其中,无线接入侧的功率放大器消耗了50%~80%的能量。因此,设计有效的功率控制策略,来优化无线接入网络的能效(EE)变得至关重要。然而,值得指出的是,EE最大化问题与传统的谱效最大化问题有很大区别,因为EE是关于用户发送功率的拟凹(Quasi-concave)函数,这使得能够达到EE最大化的功率控制策略并不一定是出现在最大允许的发送功率处,从而增加了EE最大化问题的求解难度。至今,在非认知无线电网络中,已经有很多研究工作关注EE最大化问题[73-80]。

另一方面,如何以较高的EE进行传输在认知无线电网络中显得尤为重要[68],因为更高的EE是认知用户对有限功率资源实现高效利用的一个基本前提。这是因为认知用户有限的发送功率不仅用来提升对空闲频谱的利用率,而且需要实现一些额外的重要功能,如Overlay认知无线电网络中需要进行频谱感知,Underlay认知无线电网络中认知用户需要获得到主用户的CSI等。

目前,一些学者已经逐渐开始关注Underlay认知无线电网络中认知用户的EE最大化问题[81-84]。文献[81]在多信道多个认知用户场景下,提出一种基于注水因子协助的功率分配方案,来最大化系统的 EE。文献[82]在认知自组织网络（Ad Hoc Networks）中提出了一种分布式子载波和功率分配算法，来最大化每一个认知用户的 EE。为了进一步提升纳什均衡点（NE，Nash Equilibrium）的效率，文献[83]设计了一种采用价格机制的分布式功率和带宽分配方案，来最大化上行传输中每个认知用户的 EE。文献[84]在基于正交频分多址（OFDM，Orthogonal Frequency Division Multiplexing）的 CRN 中，设计了一种近似最优的资源分配方法，来最大化认知用户的 EE。

然而，这些工作仅是依据瞬时的 CSI 进行静态优化的，其仅适用于慢衰落的场景下的 EE 最大化设计。在快衰落场景下，认知用户的 EE 和主用户的 QoS 需要在所有的衰落状态下进行考量。因此，在该场景下，如何在所有衰落状态下严格保证主用户 QoS 的前提下最大化认知用户的 EE 是一个有趣且具有挑战性的问题，这也是本书的第二个研究内容。

1.3.3 下垫式认知无线电网络中的鲁棒性能效设计

上述这些关注 EE 的研究工作普遍采用了一个假设：无线 CSI 是准确的或者完美的[73-84]。众所周知，由于无线信道的随机特性、有限长的训练序列、量化、信道估计、反馈信道时延、用户移动性等诸多实际因素影响，CSI 不可避免地包含误差或者存在不确定性。这些误差极大地影响了无线通信网络中系统的性能，例如在 Underlay 认知无线电网络中导致认知用户对主用户的有害干扰不能够严格小于主用户所能容忍的干扰门限值，进而严重阻碍主用户的正常通信。

为了处理无线 CSI 不确定性问题，鲁棒性优化理论目前已经被广泛地应用于无线通信领域[101-104]。一般来说，鲁棒性优化理论存在两种基本方式[105]：贝叶斯（Bayesian，即随机）方式[101-102]和最差情况优化（Worst-case Optimization）方式[103-104]。

　　前者假设已知 CSI 误差的统计信息，在保障用户 QoS 约束以一定概率成立的情况下来优化系统性能。然而，这种方法不能够很好地满足 Underlay 认知无线电网络中主用户的 QoS 对认知用户的传输限制。因为在此方式下，即使考虑到信道不确定的影响，认知用户也应该严格遵守主用户 QoS 对认知用户传输的功率限制。换言之，即使当 CSI 存在误差时，认知用户对主用户传输产生的干扰应该始终严格小于或者等于预先设定的门限值。

　　另一方面，最差情况优化方式假设 CSI 误差属于有界的区域，能够保证系统在最差情况下的性能，即当 CSI 在这个有界区域里面任意取值时，其都能够使得问题中的约束成立。可知，最差情况优化方式能够在最差情况下满足用户的 QoS 需求，即当信道误差在有界区域里面任意取值时，都能够满足用户的 QoS 需求。因此，本书关注最差情况优化方式，即假定 CSI 误差是严格有界的。例如，量化误差是一种 CSI 误差严格有界的典型例子[106]。综上所述，可见最差情况优化是 Underlay 认知无线电网络中一个有意义的鲁棒性设计方式。

　　目前，已有一些研究工作在 Underlay 认知无线电网络中采用基于最差情况优化的鲁棒性设计[107-110]。具体来说，文献[107]～[109]研究了该场景下鲁棒性速率最大化问题；文献[110]提出一种鲁棒性波束赋形方案，来最大化所有认知用户中最差的信干噪比（SINR，Signal-to-Interference-plus-Noise Ratio，信号与干扰加噪声比）性能。然而，这些工作的目标函数是认知用户发送功率的凹函数或者仿射函数。由于 EE 函数是认知用户发送功率的非凸函数，因此，这些方案不能够直接扩展到认知用户的 EE 最大化问题。

　　据调研所知，目前关注 Underlay 认知无线电网络中用户鲁棒性 EE 最大化问题的相关工作尚未见公开报道。因此，当无线信道的 CSI 非完美或者不准确时，在 Underlay 认知无线电网络中，如何能够在严格保证认知用户对主用户的干扰小于给定门限值的前提下，提升认知用户的 EE 性能是认知无线电网络实际系统中一个具有重要意义且极具挑战性的问题，这也是本书的第三个研究内容。

1.4　主要研究内容

本书关注认知无线电网络，以提升认知用户的谱效、衰落信道下数据传输的平均能效以及非完美信道 CSI 下认知用户的鲁棒性能效这三个关键性能指标为出发点，结合跨层设计、优化理论和鲁棒性能设计，分别针对 Overlay 和 Underlay 认知无线电网络中以谱效和能效为目标的资源分配技术开展了系统深入的研究，如图 1.8 所示。

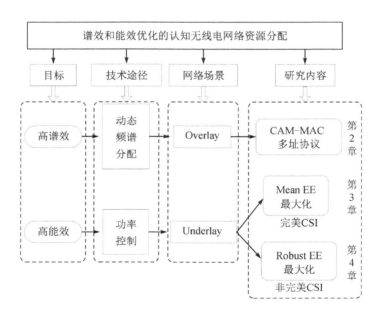

图 1.8　本书主要研究内容

第2章　分布式多信道认知 MAC 协议

　　针对 Overlay 模式下分布式多信道认知无线电网络中预约信道与数据传输信道的信道状态不一致导致的频谱使用效率低的问题，本章提出了基于数据信道状态感知的多信道认知多址接入控制协议——CAM - MAC① 协议。该协议在预约信道上通过信息聚合优化了握手机制，减少了平均成功预约时长；而在服从 Nakagami 衰落的数字传输信道上采用物理层和 MAC 层联合的跨层方法，设计了基于瞬时信噪比的自适应传输机制，以充分利用多个数据信道传输容量的差异性。同时，从理论上获得了该协议的饱和吞吐量。仿真结果验证了理论分析的正确性，同时也表明：与已有协议相比，该协议在饱和吞吐量上有较大提升（在特定场景下可提高约 50%），而且具有较好的时延性能。

2.1　概　　述

　　在认知无线电网络中，MAC 协议可用来协调主用户和认知用户对网络资源的使用状态，实现资源的高效共享。具体而言，认知无线电网络的多址接入控制技术要求在限制认知用户对主用户干扰的前提下，及时有效地发现频谱空洞并且动态公平地调度多个认知用户，

---

① 　媒质接入控制（MAC，Medium Access Control）层是数据链路层的一个子层，该子层的协议有时候称为多址接入控制（MAC，Multiple Access Control）协议，即解决多个用户如何共享一个信道的协议。

以最大化对空闲频谱的利用率。

目前，在认知无线电网络中关于多址接入控制协议的研究大多集中在多信道的网络场景中。这里，多信道包括公共控制信道（CCC，Common Control Channel）（即预约信道）和数据传输信道（本书不区分空闲信道、数据传输信道、数据信道以及授权信道，均指的是当主用户不占用时的空闲授权信道）。这是因为，一方面，在相同带宽下，多信道 MAC 协议与单信道 MAC 协议相比，具有更好的系统性能[11]；另一方面，主用户的传输一般在多个信道上进行，频谱空洞也往往出现在多个离散的信道上。该场景下典型的研究成果有：Su Hang 等人在文献[99]中综合考虑了频谱感知和多址接入控制协议的数据分组调度，提出了跨层的多址接入控制协议。其在控制信道上采用 p-persistent CSMA（Carrier Sense Multiple Access）预约，在每个数据信道上传输一个固定长度的数据分组。B. Hamdaoui 等人在文献[94]中提出了 OS－MAC 协议。该协议在控制信道上基于预设窗口周期来协调认知用户。在数据信道上，该协议采用 IEEE 802.11 DCF（Distributed Coordination Function）basic access mode 进行数据传输。这里，IEEE 802.11 DCF basic access mode 不包含请求发送（RTS，Request To Send）/允许发送（CTS，Clear To Send）两次交互握手帧。Zhang Xi 等人在文献[98]中提出了 CREAM－MAC 协议。该协议在控制信道上采用了四次握手协议来实现认知用户之间的信道预约，在数据信道上允许认知用户在其所预约的每个空闲信道上均传输一个定长数据分组。

然而，已有工作大多数没有考虑或者忽略了控制信道和数据传输信道之间的信道状态不一致性，即控制信道具有好的传输条件并不能够保证数据信道也同时具有好的传输条件。此外，已有的大多数认知多址协议都未曾考虑如何对抗空闲授权信道上的衰落特性，以及如何充分利用多个空闲信道上传输速率的差异性。这些问题严重地制约了此类 MAC 协议的性能，从而限制了认知用户对空闲频谱资源的高效共享。

要高效地利用多个数据信道上差异化的传输能力，自适应传输成为一个较好的解决途径。然而，在分布式认知无线电网络场景下，速率自适应方案面临以下挑战：

（1）认知无线电网络中，空闲频谱具有很强的时效性和较大的频域跨度。

（2）认知用户预约一次可使用多个信道进行传输，故需要在多个不同信道上同时进行速率自适应。

（3）信道预约和数据传输是分离的，故信道预约过程中采用的交互信息并不能够获得数据传输信道的信噪比（SNR，Signal-to-Noise Ratio）。

（4）认知用户在所有数据信道上的传输时间是相同的，即其他认知用户对该认知用户使用的数据信道设置相同的网络分配向量（NAV，Network Allocation Vector）。

针对上述问题，本章提出了一种基于数据信道状态感知的多信道认知 MAC（CAM - MAC，Channel Aware Multi-channel MAC）协议。在控制信道上，该协议通过两次握手，一方面使认知用户发送端和接收端交互了空闲信道信息，另一方面完成了对二者公共空闲信道的预约。该协议与 CREAM - MAC[98] 相比减少了两次握手，提高了认知用户在控制信道上的预约效率（单位时间内能成功预约的认知用户传输对数目的均值）。在数据信道上，针对速率自适应问题的特殊性，该协议提出了基于瞬时 SNR 的速率自适应机制。具体来说，该协议通过在每个数据信道上引入两次握手，来获知各个信道的瞬时传输能力。随后，该协议采用跨层设计思想将物理层和 MAC 层进行联合调度，根据多个数据信道的实际传输能力来分别确定在每一个信道上需要发送的数据分组数目，从而实现了传输能力与传输业务量之间的匹配。同时，该机制还解决了由于预约信道和数据信道传输条件的不一致性所导致的谱效低下问题。

2.2　系统模型与问题建模

考虑一个包含两类用户：主用户和认知用户的分布式多信道认知无线电网络场景。假设认知用户采用机会式频谱共享方式（spectrum overlay paradigm），即认知用户首先对多个主用户的授权信道进行频谱感知。当发现所感知的信道中有空闲时，认知用户接入该空闲的授权信道进行数据传输；当没有空闲信道时，认知用户继续进行频谱感知[11]。

2.2.1　主用户信道占用模型

假定该认知无线电网络中有 W 个相互正交且带宽相等的授权信道，每个信道增益服从 Nakagami 衰落分布（该模型具有广泛的代表意义）[111]。具体来说，通过调整 Nakagami 衰落中的参数 m 值，能够仿真多种衰落模型，包含常见的瑞利分布（Rayleigh distribution）模型和莱斯分布（Rice distribution）模型。采用 CH_{total} 表示整个授权信道的集合。认知用户的数目为 u。假设每个主用户使用一个授权信道进行数据传输。

如图 2.1 所示，主用户的业务模型可以建模为一个 ON/OFF 更新过程。这里，ON 状态是指主用户使用该授权信道进行数据传输，而 OFF 状态表示该授权信道未被主用户占用，即该信道空闲。$\tau_{1,i}$ 和 $\tau_{0,i}$ 分别为主用户在 ON 期和 OFF 期对第 i 个信道的占用时长，且二者相互独立。用 $f_{\tau_{1,i}}(x)$ 和 $f_{\tau_{0,i}}(x)$ 分别表示主用户在 ON 状态和 OFF 状态占用时长的概率密度函数（PDF，Probability Density Function）。这里，假设在所有授权信道上主用户在 ON 状态和 OFF 状态的逗留时间服从独立同分布的指数分布。主用户在不同授权信道上 ON 状态的平均逗留时间相等，记为 $\bar{\tau}_{1,i} = \bar{\tau}_{1,j} = \bar{\tau}_1$，$\forall i,j \in \mathrm{CH}_{\mathrm{total}}$。同样的，主用户在 OFF 状态逗留时间的均值相等，记为 $\bar{\tau}_{0,i} = \bar{\tau}_{0,j} = \bar{\tau}_0$，$\forall i,j \in \mathrm{CH}_{\mathrm{total}}$。因此，主用户对每个授权信道的利用率为

$$\alpha = \frac{\int_0^\infty x f_{\tau_1}(x)\,\mathrm{d}x}{\int_0^\infty x f_{\tau_1}(x)\,\mathrm{d}x + \int_0^\infty x f_{\tau_0}(x)\,\mathrm{d}x} = \frac{\bar{\tau}}{\bar{\tau}_0 + \bar{\tau}_1} \qquad (2-1)$$

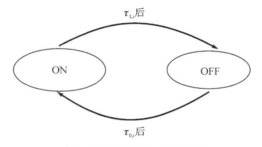

(a) 第 i 个授权信道ON/OFF模型

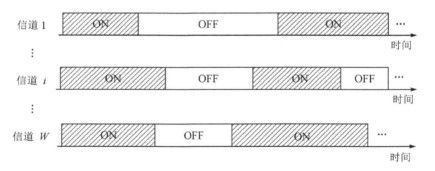

(b) W 个授权信道上主用户占用情况示例图

图 2.1　主用户信道占用情况示例

2.2.2　频谱感知模型

目前，很多已有方法能够解决认知无线电网络中的频谱感知问题，如能量检测、小波检测、压缩感知以及匹配滤波器等[112]。能量检测方法实现简单且不需主用户的任何先验信息，故本章中认知用

户采用该方法进行频谱感知，而且使用双阈值能量检测方案[113]。

假定每个认知用户具备一个软件无线电（SDR，Software Defined Radio）收发机和 n 个传感器。该 SDR 收发机能够切换到任意一个授权频段上进行通信。而且，认知用户的 n 个传感器可以同时感知 $n(n \leqslant W)$ 个授权信道。

此外，本章还采用了协作频谱感知方法[113]。该方法内嵌于预约信道的优化握手机制之中。一开始，每个认知用户从所有授权信道中随机选择 n 个信道进行感知，并称这 n 个信道为一个信道组。同时，认知用户可以侦听控制信道，并结合自身的频谱感知和数据传输结果，来不断更新主用户在每个授权信道上的使用信息，从而选择合适的信道进行频谱感知。

2.2.3　空闲信道最大接入持续时间

认知用户的信道接入持续时间定义为从认知用户发送机开始在空闲信道进行数据传输到其收到相应确认字符（ACK，Acknowledge Character）之间的时间间隔。为了限制认知用户对主用户传输的干扰，需保证认知用户和主用户的碰撞概率小于某个预先给定的阈值 P_{th}^{I}。认知用户接入信道的持续时间越长，其与主用户碰撞的概率越大，因此认知用户的信道接入持续时间应受到限制。

记 T_i^1 和 T_i^2 分别表示第 i 个授权信道最近一次从 ON 状态转到 OFF 状态的时刻和认知用户最近一次感知该信道的时刻。这里，用 T_{acc}^I 来表示认知用户在第 i 个授权信道上的接入持续时间。给定第 i 个授权信道在 T_i^2 时刻空闲时，认知用户传输与主用户传输发生碰撞的概率可以表示为

$$
\begin{aligned}
P_1(T_{\mathrm{acc}}^i) &= \Pr\{\tau_{0,i} < T_i^2 - T_i^1 + T_{\mathrm{acc}}^i \mid \tau_{0,i} > T_i^2 - T_i^1\} \\
&= \Pr\{\tau_{0,i} < T_{\mathrm{acc}}^i \mid \tau_{0,i} > 0\} \\
&= 1 - \exp\left(-\frac{T_{\mathrm{acc}}^i}{\tau_{0,i}}\right)
\end{aligned}
\tag{2-2}
$$

根据上式,假定认知用户能够感知 n 个授权信道,则可得认知用户接入这 n 个信道时,至少有一个授权信道被主用户占用的概率为

$$P_n(T_{\text{acc}}^i) = 1 - [1 - P_1(T_{\text{acc}}^i)]^n = 1 - \exp\left(-\frac{nT_{\text{acc}}^i}{\tau_{0,i}}\right) \quad (2-3)$$

根据式(2-3),可得认知用户的最大信道接入持续时间为

$$T_{\text{acc}}^{i,\text{MAX}} = \max_{T_{\text{acc}}^i}(P_n(T_{\text{acc}}^i) < P_{\text{th}}^I) = \max_{T_{\text{acc}}^i}\left[1 - \exp\left(-\frac{nT_{\text{acc}}^i}{\tau_{0,i}}\right) < P_{\text{th}}^I\right]$$

$$(2-4)$$

可见,随着认知用户感知的信道组中最大空闲信道数目 n 的增加,最大信道接入持续时间应相应减小,从而保证当认知用户接入 n 个空闲信道时,其与主用户发生碰撞的概率均小于给定阈值。换言之,当认知用户占用越多的空闲信道时,这些信道中被主用户重新占用的概率也随之增加,因而认知用户需要减少信道的最大接入持续时间。

假定认知用户使用 n 个感知信道中所有空闲的信道,且所有信道的接入持续时间相同。由于所有的授权信道被主用户均等概率占用,因此,在后续章节的讨论中,可用 $T_{\text{acc}}^{\text{MAX}} = T_{\text{acc}}^{i,\text{MAX}} = T_{\text{acc}}^{j,\text{MAX}}$ ($\forall i,j \in \text{CH}_{\text{total}}$)来表示认知用户的最大信道接入持续时间。该持续时间的取值仅与认知用户所感知的信道数目 n 有关。当 n 给定时,根据式(2-4)可确定对应的 $T_{\text{acc}}^{\text{MAX}}$。认知用户可根据该值来确定相应空闲信道上 NAV 的取值。

2.2.4　空闲信道上数据传输

通过协作感知,认知用户可以获得当前空闲信道数目,进而机会地接入这些频谱空洞进行数据传输。认知用户具备 n 个传感器,因此,其可以同时检测 n 个授权信道,从而可能发现多个空闲信道。

但是，一般来说，这些空闲信道在频域上往往是不连续的。这里采用离散正交频分复用（D – OFDM，Discontinuous-Orthogonal Frequency Division Multiplexing）技术[114]，每个认知用户能够在多个不连续的空闲信道上同时发送多个数据分组。此外，由于每个信道服从 Nakagami 衰落分布，因此认知用户在给定空闲信道上能够成功发送数据分组的数目取决于该信道上认知用户收发端之间的信道状态信息（CSI，Channel State Information）。

2.3　CAM – MAC 协议

　　CAM – MAC 协议采用混合多址接入协议架构，设计了两层四次握手机制实现认知用户对主用户空闲信道的预约和数据传输。图 2.2 描述了 CAM – MAC 协议的具体传输流程。第一层为公共控制信道上优化的 RTS/CTS 握手机制，用于协调认知用户对数据信道的预约。第二层是在多个空闲数据信道上基于 CT（Channel Training）/

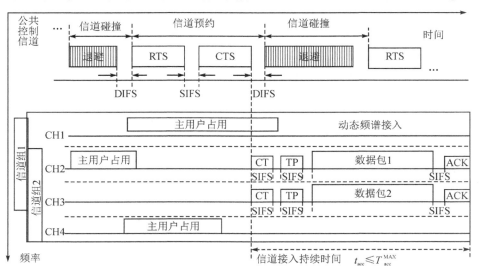

图 2.2　CAM – MAC 协议传输流程

TP(Transmission Parameter)的交互，用于对抗数据信道的 Nakagami
衰落，从而高效利用这些信道上差异化的传输速率。这里，由于多个
空闲数据信道服从独立的 Nakagami 衰落，故每一个信道上的 CSI 相
互独立。而且，每个信道上的 CSI 也决定了该空闲信道上在给定时刻
能够支持的最大数据传输速率。因此，多个空闲信道在给定时刻具有
互不相同的数据传输速率，称其为多个空闲信道上差异化的传输
速率。

2.3.1　控制信道上的握手机制

公共控制信道可采用工业科学医疗（ISM，Industrial Scientific
Medical）频段（如 IEEE 802.11 a/b/g 所占用的频段），或者信道利用
率最低的授权信道，或是额外划分出一段频谱[60]。本章不深入研究
如何设计和选择哪个信道作为公共控制信道，只是假定总存在一个可
靠的控制信道。具体公共控制信道的选择与建立，不是本书所关注的
主要内容，有兴趣的读者请参考相关文献，如文献[60]和文献[100]。

控制信道上的预约机制不仅要保证认知用户发送端与认知用户
接收端成功交互空闲信道信息，还要对数据信道进行预约，使得其
他侦听控制信道的认知用户能在相关空闲信道上正常设定 NAV 的数
值。此处，只有将来需要在该认知用户发送端所预约的数据信道上进
行传输的其他认知用户才设置其相应的 NAV。如图 2.2 所示，所有认
知用户预约数据传输信道的传输时间均固定为 $T_{\text{acc}}^{\text{MAX}}$，即所有侦听预
约信道且需要设置 NAV 的认知用户的 NAV 值均相等。固定长度的
NAV 不仅易于实现，而且体现了认知用户之间的公平性。但认知用户
在预约时间内传输数据分组的具体个数取决于当时该信道的 CSI。

CAM-MAC 协议采用信息聚合的方式来优化已有 RTS/CTS
机制，以预约空闲信道和避免隐藏终端问题。该协议扩展了传统
IEEE 802.11 DCF 中的控制帧 RTS/CTS 长度，新增加的比特位用

来聚合认知用户收发端所感知到的空闲数据信道信息。具体来讲，RTS 中承载了认知用户发送机所感知的空闲信道列表信息，而 CTS 中则包含了由认知用户接收端根据自身感知结果而确定的认知用户收发端公共空闲信道信息。与已有的 CREAM - MAC 协议相比，所提协议在预约信道上减少了两次握手，从而降低了控制信道的预约时长，即提升了预约效率。对认知用户在控制信道上预约时长的具体理论分析将在 2.4.2 节中给出。

当认知用户发送端有数据要发送时，如果 n 个感知信道中至少有一个空闲且预约信道空闲时，认知用户发送端将初始化一个退避计数器，并随机产生一个退避值。一个时隙内，如果控制信道空闲且认知用户感知的信道组中至少有一个信道空闲，则退避计数器减 1。当其退避计数器为 0 且控制信道空闲时，认知用户在控制信道上发送 RTS 帧（该 RTS 中包含认知用户发送机感知的信道列表信息）。认知用户接收端在成功接收到 RTS 帧后，若其感知的信道组中至少有一个和认知用户发送机的空闲信道相同，则该认知用户收端在等待一个短帧间隔 SIFS(Short InterFrame Space)后，向认知用户回复 CTS 帧（该 CTS 帧内嵌认知用户收发端的公共空闲信道列表）；否则，该认知用户接收端不回复任何信息。如果认知用户发送机在发送 RTS 之后的 DIFS(DCF Interframe Space)时间内未收到 CTS 帧，则认知用户发送端认为发生碰撞。当完成 RTS/CTS 交互后，认知用户接收端和发送端不仅获得了其公共空闲信道列表，也成功预约了空闲授权信道。

与此同时，其他认知用户在侦听控制信道的 RTS/CTS 交互后，不仅可以获知当前空闲授权信道的信息，而且能够确定预约空闲信道上相应的 NAV 值（给定 n 时，相应的最大接入持续时间固定）。由于此场景下存在多信道隐藏终端问题，因此本协议规定认知用户在其空闲信道组上传输完毕后，仍需在 T_{acc}^{MAX} 内保持感知该信道组。之后，该认知用户可以选择其他信道进行感知。这样刚进行完数据传输的认知用户不会由于没有侦听到控制信道的预约信息，而再次预约已被其他认知用户预约过的空闲信道。

此外，本协议中所有认知用户在控制信道上进行预约的机会均等而且其预约的传输时间也相等，因此，认知用户之间的公平性可以得到保障。

2.3.2　空闲信道上的自适应传输

在充分考虑了多信道认知无线电网络特点的基础上，本章在数据信道上设计了基于 CT/TP 的握手流程，如图 2.2 所示。该握手机制是为了对数据信道进行信道估计，以便认知用户发送端确定各个空闲信道上合适的调制方式，从而充分利用多个信道上差异化的传输速率，进而提高认知用户对空闲频谱的利用率。假定认知用户的信道估计是准确的，为了保证其他认知用户在该认知用户预约的每个数据传输信道上设定相同的 NAV，本协议采用物理层和 MAC 层的跨层设计[27]，实现了认知用户对多个空闲数据信道的高效利用。认知用户的具体操作流程如下：

步骤 1　在控制信道上预约成功之后，认知用户发送端在每个预约的数据信道上，以基本传输速率 R_{basic} 发送一个 CT 帧。

步骤 2　当成功接收到 CT 后，认知用户接收端的物理层根据 CT 中的信息（假定认知用户收发端在发送之前均已知 CT 中的内容）估计各个空闲授权信道上的 CSI，进而获得各个信道上的瞬时 SNR，并根据该值确定每个信道上的发送参数（即每个空闲信道上适合采用的调制方式类型）。

步骤 3　认知用户接收端的物理层将该发送参数传递给 MAC 层，MAC 层将该发送参数写入不同信道对应的 TP 帧中，且由物理层在对应的信道上以速率 R_{basic} 回复 TP 帧。如果认知用户接收端在某个预约空闲信道上没有收到 CT 帧，则认为该信道处于中断状态，因此不在该信道上向认知用户发送端回复 TP 帧。

步骤 4　当接收到 TP 帧后，认知用户发送端 MAC 层将各个空闲信道的发送参数传递给物理层，物理层根据该信息确定每个信道上对应的调制方式。同时，认知用户发送端 MAC 层将根据每个信道上调制方式确定每一个信道上对应数据分组数目，并将对应数目的数据分组传递给物理层。物理层根据对应的调制方式，在相应的空闲信道上发送对应数目的数据分组。

步骤 5　认知用户接收端的物理层根据对应的解调方式，在各个空闲信道上分别接收这些数据分组，将这些数据分组传给 MAC 层之后，在各个接收信道上回复 ACK。

当认知用户业务非饱和（即认知用户发送端缓存中数据分组的数目小于其所预约的数据信道能够传输的最大期望数据分组数目）时，CAM - MAC 协议具体的处理流程如下：

首先，认知用户发送端在 CT 特定区域填充当前缓存中剩余的数据分组数目。

随后，认知用户接收端根据 CT 中所包含的认知用户发送端缓存中数据分组的数目，结合当前 CSI 下所有空闲数据信道能够承载的最大数据分组数目，来确定每个信道应该采用的调制方式。其基本原则是：如果此时需要传输的数据包个数小于当前空闲信道能够承载的数据包个数，则选择合适的低阶调制，使得认知用户发送端恰好可以一次将其缓存中数据分组传输完；否则，认知用户接收端仍然根据当前 CSI，以确定每个信道的具体调制方式。这里采用低阶调制是为了在非饱和场景下降低认知用户发送端的功率消耗。

2.4　协议性能分析

CAM - MAC 协议一方面在 CCC 上采用优化的 RTS/CTS，来降低平均成功预约时长来提升预约效率；另一方面在数据信道上采用 CT/TP 交互，实现了基于瞬时 SNR 进行自适应传输来提升认知用户传输速率。这些机制有效地解决了预约信道与数据信道的不一致性所导致的对空闲频谱资源利用率低下的问题。下面从理论上对 CAM - MAC 协议的饱和吞吐量进行分析。

2.4.1　数据信道等效传输速率分析

为了简化计算且不失一般性，假定所有授权信道的带宽均为 1 MHz。同时，假定每个授权信道服从独立的块 Nakagami 衰落，即每个空闲信道的 CSI 在一次数据传输过程中保持不变，但是在不同的数据传输过程之间依据 Nakagami 分布随机变化。假定认知用户采用多电平正交幅度调制方式（M - QAM，Multiple-Quadrature Amplitude Modulation）（$M = 2^i$，$i = 1$，$\cdots$，7），其中，M 表示 QAM 调制中星座点的个数。$M = 0$ 表示信道中断，即没有数据传输。定义基本信道速率 $R_{\text{basic}} = 1$ Mb/s 为当认知用户在空闲信道上采用 2 - QAM（即 BPSK）调制时对应的传输速率，则 $M = 2^i$，$i = 1$，$\cdots$，7，对应的传输速率为 $R_i = i \times R_{\text{basic}}$。

认知用户进行数据传输时，假定认知用户数据分组的长度相等且固定。该数据分组的长度为当认知用户采用基本信道速率 R_{basic} 在最大信道接入持续时间内能够传输的净比特数，其可以表示为

$$L = \left(T_{\text{acc}}^{\text{MAX}} - \frac{\text{CT} + \text{TP}}{R_{\text{basic}}} - 3\text{SIFS} - \frac{\text{ACK}}{R_{\text{E}}} \right) R_{\text{basic}} \qquad (2 - 5)$$

式中：$T_{\text{acc}}^{\text{MAX}}$ 表示当感知信道数目 n 给定时最大信道接入持续时间；R_{E} 为每个服从 Nakagami 衰落的授权信道上的等效数据传输速率，后续分析将给出其具体表达式。

这里当采用 M - QAM（$M = 2^i$，$i = 1$，$\cdots$，7）调制方式时，认知用户可以采用速率 $i \times R_{\text{basic}}$ 进行传输。因此，认知用户发送端一次在单个信道上可以传输 i 个数据分组。同时，认知用户接收端仅需要

回复一个 ACK 来确认这 i 个数据分组。

当采用基于瞬时 SNR 的自适应传输时,需要计算认知用户在每个 Nakagami 衰落信道上的等效传输速率。

首先,需要根据认知用户的误码率(BER,Bit Error Rate)要求确定在空闲信道上每种调制方式所适用的 SNR 范围。为此,需要计算不同的调制方式在 Nakagami 衰落信道下的 BER 随 SNR 变化的性能曲线。

在完美的时钟同步和载波恢复机制下,采用二维格雷码的相干 M-QAM 在加性高斯白噪声(AWGN,Additive White Gaussian Noise)信道下无信道编码的 BER 性能可近似为[115]

$$\mathrm{BER}_{\mathrm{AWGN}}(M, \gamma) \approx \frac{1}{5}\exp\left[-\frac{3\gamma}{2(M-1)}\right] \qquad (2-6)$$

式中:γ 表示认知用户的接收 SNR。

此外,在衰落信道下,用户的 BER 性能可以通过对其在 AWGN 信道下的表达式在相应的衰落分布下进行积分而得到[111],则有

$$\overline{P}_{\mathrm{b}} = \int_0^\infty \mathrm{BER}_{\mathrm{AWGN}}(\gamma)p_\gamma(\gamma)\mathrm{d}\gamma \qquad (2-7)$$

式中:$p_\gamma(\gamma)$ 为认知用户接收 SNR 的概率密度函数。

当信道增益服从 Nakagami 衰落时,认知用户的接收 SNR 服从 gamma 分布。该 SNR 分布可以表示为[116]

$$p_\gamma(\gamma) = \left(\frac{m}{\overline{\gamma}}\right)^m \frac{\gamma^{m-1}}{\Gamma(m)}\exp\left(-\frac{m\gamma}{\overline{\gamma}}\right), \ \gamma \geqslant 0 \qquad (2-8)$$

式中:m 是 Nakagami 分布参数($m \geqslant 1/2$),$\Gamma(\cdot)$ 是 gamma 函数。此外,当 $m=1$ 时,Nakagami 分布简化为常见的 Rayleigh 分布。

将式(2-6)和式(2-8)的结果代入式(2-7),可得不同 M-QAM 调制方式在服从 Nakagami 衰落的授权信道上的 BER 性能为

$$\overline{P}_{\mathrm{b}} = \int_0^\infty \frac{1}{5}\left(\frac{m}{\overline{\gamma}}\right)^m \frac{\gamma^{m-1}}{\Gamma(m)}\exp\left[-\frac{3\gamma}{2(M-1)}-\frac{m\gamma}{\overline{\gamma}}\right]\mathrm{d}\gamma \quad (2-9)$$

之后,可根据认知用户的 BER 要求,计算各种调制方式对应的

SNR 阈值，从而确定每种调制方式适合发送的 SNR 范围。定义 $\gamma_0 = 0$ 和 $\gamma_8 = +\infty$，当认知用户的接收 SNR $\gamma \in (\gamma_i, \gamma_{i+1})$，$i = 0$，1，$\cdots$，7 时，则认知用户在 M - QAM 调制方式中选择 $M = 2^{i-1}$，$i = 2$，$\cdots$，8 对应的调制方式进行传输。当 $\gamma < \gamma_1$ 时，信道处于中断状态，故没有数据传输。对式(2 - 8)在每种调制方式对应的 SNR 区间内进行积分，可得认知用户使用该调制方式的概率为

$$p_i \overset{\text{def}}{=} \Pr\{\gamma \mid \gamma \in (\gamma_i, \gamma_{i+1}), i = 0, 1, \cdots, 7\}$$

$$= \int_{\gamma_i}^{\gamma_{i+1}} \left(\frac{m}{\overline{\gamma}}\right)^m \frac{\gamma^{m-1}}{\Gamma(m)} \exp\left(-\frac{m\gamma}{\overline{\gamma}}\right) \mathrm{d}\gamma \qquad (2 - 10)$$

故当采用自适应传输时，认知用户在每个 Nakagami 衰落信道上的等效数据传输速率为

$$R_E = \sum_{l=1}^{7} p_l R_l \qquad (2 - 11)$$

另一方面，如果认知用户仅知道数据信道的平均 SNR 值，则其等效传输速率计算如下：当认知用户发送端不知瞬时 CSI 时，认知用户由于不知瞬时的接收 SNR 如何变化，因此只能仅根据认知用户接收 SNR 的均值采用自适应传输。此时，认知用户只能根据该平均接收 SNR$\overline{\gamma}$来选择一种适合当前信道的 CSI 的最佳调制方式，其中最佳的调制阶数为 $M = 2^k$，$k = \underset{i}{\arg}[\overline{\gamma} \in (\gamma_i, \gamma_{i+1})] - 1$，$i \geqslant 2$。此时，认知用户的平均传输速率为

$$R_{\text{ave}} = R_k \sum_{l=k}^{7} p_l \qquad (2 - 12)$$

2.4.2　平均成功预约时长分析

不同的预约机制将会引入不同的开销，从而影响多址接入协议的性能。认知多址接入协议的预约机制需要完成两个任务：预约空闲数据信道，以解决隐藏终端问题；使得认知用户收发端能够交互二者公共空闲信道信息。一般来说，一种握手机制所引入的交互次

数越少且控制帧长度越短,该握手机制的平均成功预约时间就越短,即其预约效率就越高。考虑到不同预约机制所引入的开销与其带来的性能提升之间的折中,CAM - MAC 协议采用一种长度扩展的 RTS/CTS 机制,而不是采用三次或者四次握手。下面分析 CAM - MAC 协议在控制信道上两次握手机制的平均成功预约时长。

记 τ 和 p 分别表示在任意选定的时隙内,一个给定认知用户在控制信道上发送控制帧的概率和一个已发送的控制帧在预约信道上碰撞的概率,则有[117]

$$\begin{cases} \tau = \dfrac{2(1-2p)}{(1-2p)(\mathrm{CW_{min}}+1)+\mathrm{CW_{min}}p[1-(2p)^m]} & (2-13) \\ p = 1-(1-\tau)^{u-1} \end{cases}$$

其中,$\mathrm{CW_{min}}$ 和 m 分别表示最小退避窗数值和最大退避次数。

根据式(2 - 13),可得在一个时隙内,给定至少有一个节点在传输时,一个成功预约出现的概率 P_s 为

$$P_s = \frac{u\tau(1-\tau)^{u-1}}{1-(1-\tau)^u} \qquad (2-14)$$

假定一个时隙的长度为 σ。在多信道认知无线电网络场景下,只有当预约信道空闲且认知用户所感知的 n 个授权信道中至少有一个空闲时,该认知用户的退避计数器减去 1。若用 σ' 表示该场景下新的时隙长度,则其表达式为

$$\sigma' = \sigma(1+\mathrm{E}(N_{\mathrm{busy}})) \qquad (2-15)$$

其中,N_{busy} 表示在一个认知用户的退避计数器两次减少之间,该认知用户所感知的所有授权信道都处于 ON 状态所持续的时隙数目,可知,N_{busy} 是一个随机变量;$\mathrm{E}(\cdot)$ 表示对括号内的变量取数学期望。进一步,根据文献[98],可得 N_{busy} 的均值为

$$\mathrm{E}(N_{\mathrm{busy}}) = \frac{[\alpha(1-P_{\mathrm{fa}})^2]^n}{1-[\alpha(1-P_{\mathrm{fa}})^2]^n} \qquad (2-16)$$

其中,P_{fa} 表示认知用户进行频谱感知时的虚警概率,即当主用户未

占用某一信道时,认知用户的感知结果却表明该信道繁忙的概率。将式(2-16)代入式(2-15)中,可以获得 CAM-MAC 协议中新的时隙长度为

$$\sigma' = \sigma(1 + E(N_{busy})) = \sigma\left(1 + \frac{[\alpha(1-P_{fa})^2]^n}{1-[\alpha(1-P_{fa})^2]^n}\right) \quad (2-17)$$

采用 T_{coll} 和 T_{succ} 分别表示认知用户在控制信道上一次碰撞所持续的时间和一次成功传输所持续的时间。根据图 2.2 所示的预约流程,可得

$$\begin{cases} T_{succ} = \dfrac{(RTS+CTS)}{R_C} + SIFS + DIFS \\[2mm] T_{coll} = \dfrac{RTS}{R_C} + DIFS \end{cases} \quad (2-18)$$

其中,R_C 表示认知用户在控制信道上的传输速率。随后,可以计算认知用户在控制信道上一次成功预约的平均时长为

$$E(T_S) = \frac{[P_{idle}\sigma' + P_S T_{succ} + (1-P_{idle}-P_S)T_{coll}]}{P_S} \quad (2-19)$$

将式(2-18)代入式(2-19)中,可得 CAM-MAC 协议在公共控制信道上的平均成功预约时长为

$$E(T_S) = \frac{R_C P_{idle}\sigma' + P_S(RTS+CTS+R_C SIFS+R_C DIFS)}{R_C P_S} +$$

$$\frac{(1-P_{idle}-P_S)(RTS+R_C DIFS)}{R_C P_S} \quad (2-20)$$

2.4.3 协议最大吞吐量分析

在分析了数据信道上的等效传输速率和控制信道上的平均成功预约时长之后,从理论上分析 CAM-MAC 协议的饱和吞吐量。由于系统中授权信道的总数目为 W,且每个认知用户最多能够感知 n 个授权信道,因此在不考虑控制信道限制时,该场景中能够同时进行数据发送的认知用户传输对的数目最大为 $N_d = \lfloor W/n \rfloor$。其中,

$\lfloor x \rfloor$ 表示对 x 进行向下取整运算。

另一方面，控制信道也会对能够同时进行通信的认知用户传输对的最大数目产生限制。在一个认知用户的传输期内，控制信道上能够成功预约的认知用户传输对数目最多为

$$N_{\mathrm{c}} = \left\lfloor \frac{T_{\mathrm{acc}}^{\mathrm{MAX}}}{\mathrm{E}(T_{\mathrm{S}})} \right\rfloor + 1 \qquad (2-21)$$

综合考虑上述两个方面约束可知，CAM - MAC 协议吞吐量取决于能同时进行通信的认知用户传输对数目，以及每一对认知用户收发端所能够使用的空闲信道数目。

因此，需要先计算在认知用户一个信道组中平均的空闲信道数目。记 S 为给定认知用户所感知的 n 个授权信道中的空闲信道数目，其服从参数为 $1 - \alpha (1 - P_{\mathrm{fa}})^2$ 的二项分布。因此，该认知用户所感知的 n 个授权信道中有 j 个信道空闲的概率为

$$\Pr\{S = j\} = \mathrm{C}_n^j \left[1 - \alpha (1 - P_{\mathrm{fa}})^2 \right]^j \left[\alpha (1 - P_{\mathrm{fa}})^2 \right]^{n-j}$$
$$(2-22)$$

进而，可得 S 的平均值为

$$\mathrm{E}(S) = n \left[1 - \alpha (1 - P_{\mathrm{fa}})^2 \right] \qquad (2-23)$$

随后，针对数据信道饱和与预约信道饱和两种情况，分别讨论 CAM - MAC 协议的饱和吞吐量。

当数据信道饱和时，认知用户接入空闲授权信道的时间为 $T_{\mathrm{acc}}^{\mathrm{MAX}}$。而传输数据分组的时间为

$$T_{\mathrm{succ}}^{\mathrm{data}} = T_{\mathrm{acc}}^{\mathrm{MAX}} - \left(\frac{\mathrm{CT} + \mathrm{TP}}{R_{\mathrm{basic}}} + 3 \times \mathrm{SIFS} + \frac{\mathrm{ACK}}{R_{\mathrm{E}}} \right) \quad (2-24)$$

因此，在此情况下，CAM - MAC 协议的最大吞吐量可以表示为

$$\eta_{\mathrm{d}} = \frac{\lfloor M/n \rfloor T_{\mathrm{succ}}^{\mathrm{data}} \mathrm{E}(S) R_{\mathrm{E}}}{\mathrm{E}(T_{\mathrm{S}}) + T_{\mathrm{acc}}^{\mathrm{MAX}}} \qquad (2-25)$$

当预约信道饱和时，此时传输数据分组的时间也可以由式(2-24)来确定。故可得在该情况下，CAM - MAC 协议的最大吞吐量为

$$\eta_c = \frac{N_c T_{succ}^{data} E(S) R_E}{E(T_S) + T_{acc}^{MAX}} \qquad (2-26)$$

综合上述两种情况，根据式（2-25）和式（2-26），最终可得 CAM-MAC 协议的最大吞吐量为

$$\eta = \min(\eta_c, \eta_d) = \frac{N_T T_{succ}^{data} E(S) R_E}{E(T_S) + T_{acc}^{MAX}} \qquad (2-27)$$

式中：$N_T = \min(N_c, N_d)$ 表示在上述两种情况下，能够同时进行通信的最大认知用户传输对数目的最小值。

2.5　性能仿真与分析

本节中，通过数值分析和仿真结果来验证 CAM-MAC 协议的相关性能。表 2-1 中给出了相关仿真参数的典型取值。

表 2-1　仿真参数典型取值表

参　数	取　值
RTS 帧长	30 B
CTS 帧长	30 B
CT 帧长	20 B
TP 帧长	20 B
ACK 帧长	20 B
短帧间隔，SIFS	16 μs
DCF 帧间隔，DIFS	34 μs
时隙长度，σ	9 μs
控制信道速率，R_C	1 Mb/s
最大退避窗值，CW_{max}	1024
漏检概率，P_{md}	0.001
虚警概率，P_{fa}	0.001

首先，计算在仿真中每个服从 Nakagami 衰落的数据信道上的等

效传输速率 R_E。假定认知用户的平均接收 SNR 为 $\bar{\gamma} = 30\ dB$，其 BER
要求为 10^{-3}。在 Nakagami 衰落分布中取 $m = 1$，此时 Nakagami 衰落
退化为 Rayleigh 衰落。根据 2.4.1 节的相关分析，可以计算采用各
种调制方式的使用概率，及其对应的 SNR 范围，如表 2 - 2 所示。

表 2 - 2　调制方式选择

M - QAM 方式	使用概率	信噪比范围/dB
信道中断	0.1183	$0 \leqslant \gamma < 21$
BPSK	0.2101	$21 \leqslant \gamma < 26$
4 - QAM	0.3037	$26 \leqslant \gamma < 30.2$
8 - QAM	0.2319	$30.2 \leqslant \gamma < 33$
16 - QAM	0.1360	$\gamma \geqslant 33$

在此情况下，由于一些高阶调制方式（如 64 - QAM）在实际信道
条件下被认知用户使用概率非常小，因此认知用户没有采用这些调
制方式。此外，值得注意的是，式(2 - 6)中给出的是当认知用户发送
端未采用信道编码时所对应的 BER 性能曲线，因而各种调制方式对
应的 SNR 门限值比较大。如果认知用户收发端的物理层均采用复杂
的信道编码（如 LDPC 编码等），则每种调制对应的 SNR 门限值会降
低很多。此情况不是该协议所关注的重点，故本书未讨论。

当采用基于瞬时 SNR 的自适应传输时，认知用户可根据其瞬时
接收 SNR 值选择使用表 2 - 2 中对应的调制方式进行数据发送。根
据表 2 - 2、式(2 - 10)和式(2 - 11)，可以计算认知用户的等效传输
速率为 $R_E = 2.0572 \times R_{basic}$，此时，对应的信道中断概率为 0.1183。

另一方面，当认知用户不知瞬时 CSI 仅知道 SNR 的均值时，即
认知用户发送端根据 SNR 均值进行通信，该认知用户应该选择一直
采用 4 - QAM 进行传输。根据式(2 - 11)，可得此时认知用户的平均
速率为 $R_{ave} = 1.3434 \times R_{basic}$，信道中断概率为 0.3283。通过比较 R_E

和 R_{ave}，可知基于瞬时 SNR 的自适应传输与基于 SNR 均值的固定速率传输相比，认知用户的信道传输速率约有 53% 的提升，而且信道中断概率明显减小。

下面举例说明在 CAM - AMC 协议中，数据信道上引入基于瞬时 SNR 的自适应传输所带来的增益。假设一个空闲授权信道的最大接入持续时间为 5 ms，该信道基本传输速率为 1 Mb/s。根据图 2.2 所示交互过程和表 2-1 中相关仿真参数设置，首先计算采用基于瞬时 SNR 的自适应传输所引入的额外开销为

$$\mathrm{CT} + \mathrm{TP} + 2\mathrm{SIFS} \times R_{\mathrm{basic}} = 352 \ \mathrm{bit}$$

之后，在一次数据传输过程中，计算并比较认知用户发送端采用基于瞬时 SNR 的自适应传输与认知用户发送端仅根据 SNR 的均值采用固定调制方式传输，发现前者能够增加数据比特为

$$\left[t_{\mathrm{acc}} - \frac{\mathrm{CT} + \mathrm{TP}}{R_{\mathrm{basic}}} - 3\mathrm{SIFS} - \frac{\mathrm{ACK}}{R_{\mathrm{E}}} \right] (R_{\mathrm{E}} - R_{\mathrm{ave}}) = 3250 \ \mathrm{bit}$$

可见在数据信道上采用基于瞬时 SNR 的自适应传输引入的开销较小，但是获得的额外增益很大。而且当信道接入持续时间在合理的范围内增加时，采用自适应传输所获得的增益也相应随之线性增加。综上所述，即使考虑到额外的开销，在数据信道上引入基于瞬时 SNR 的速率自适应也是十分必要的。

接着，通过仿真结果来衡量 CAM - MAC 协议的相关性能。首先，为了说明控制信道上预约效率的提升，当退避窗口大小给定时，图 2.3 比较了在不同认知用户数目下 CAM - MAC 中两次握手预约机制与 CREAM - MAC 中四次握手预约机制所对应的平均成功预约时长。这里设定最小退避窗 $\mathrm{CW}_{\min} = 16$ 且传感器数目 $n = 4$。从平均成功预约时长来看，CAM - MAC 协议的预约方式在两种情况下都比 CREAM - MAC 协议的预约方式更具有优势。可见，CAM - MAC 协议在控制信道上通过信息聚合来优化握手机制，降低了认知用户的平均成功预约时长，即提升了控制信道的预约效率，这也将提升

该协议的整体性能。

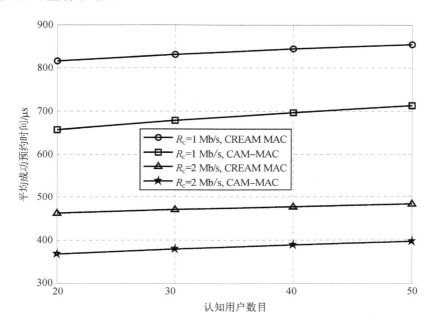

图 2.3　预约信道上 MAC 协议平均成功预约时间比较

　　图 2.4 给出了 CAM - MAC 协议的饱和吞吐量随着认知用户传感器数目变化的趋势。此处设定最小退避窗 $CW_{min} = 256$，信道数目 W 和认知用户数目 u 均为 30 以及信道利用率 $\alpha = 0.5$。从图 2.4 中可知，仿真结果与理论分析基本吻合，从而验证了理论分析的正确性。CAM - MAC 协议的饱和吞吐量先随认知用户拥有传感器数目的增加而线性增加。这是因为认知用户能够感知更多的信道，从而有可能在更多的空闲信道上进行传输。此时控制信道的传输速率是制约该协议吞吐量进一步提升的主要因素。当传感器数目增加到一定程度时，吞吐量保持不变。此时数据信道总数成为制约吞吐量提升的主要因素。此外，可以看出控制信道传输速率的增加可进一步提升该协议的饱和吞吐量。特别是当传感器数目较少时，其吞吐量提升的幅度较大。

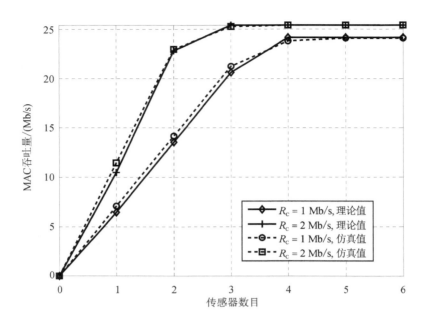

图 2.4　CAM - MAC 吞吐量随传感器数目变化曲线

　　图 2.5 给出了 CAM - MAC 和 CREAM - MAC 在两种不同认知用户数目情况下的吞吐量性能比较。此处设定传感器数目 $n = 4$，信道利用率 $\alpha = 0.5$，自适应传输的等效数据速率为 $R_E = 2.0572\,\mathrm{Mb/s}$，基于 SNR 均值传输的数据速率为 $R_{ave} = 1.3434\,\mathrm{Mb/s}$ 和固定速率为 $R_{org} = 1.00\,\mathrm{Mb/s}$。其中"CREAM - ave"表示 CREAM - MAC 协议在衰落信道上认知用户采用基于 SNR 均值的自适应传输；"CREAM - org"表示 CREAM - MAC 协议中认知用户在每个数据信道上均采用 1 Mb/s 的固定速率进行传输（即与文献[98]中的假设相同）。可见，三种协议的饱和吞吐量均随着退避窗的增加先增加之后减小。该现象说明：当认知用户数目给定时，每一种多址协议均存在一个最优的退避窗大小。此外与其他二者相比，CAM - MAC 协议的吞吐量均有大幅提高。特别地与采用基于 SNR 均值传输的 CREAM - MAC 协议的吞吐量相比也有大幅提升，最高约有 50% 的提升。这是因为，

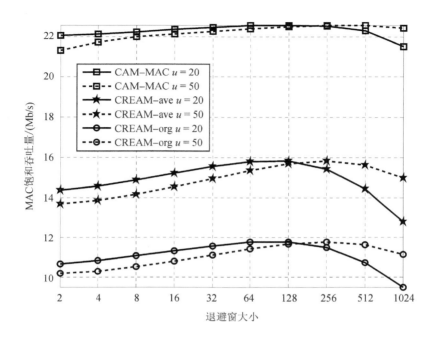

图 2.5 退避窗大小变化时 MAC 协议饱和吞吐量比较

所提方案一方面在预约信道上设计了优化的握手机制, 从而提升了预约效率; 另一方面在空闲信道上让认知用户采用基于瞬时 SNR 的自适应传输, 进而提升了认知用户的传输速率。这两方面共同提升了 CAM – MAC 协议的吞吐量。

图 2.6 表明 CAM – MAC 协议的吞吐量随主用户信道利用率的增加而线性递减。此处设定最小退避窗 $CW_{min} = 256$, 信道数目 W 和认知用户数目 u 均为 30。这是因为随着主用户信道利用率的增加, 主用户对授权信道的占用更加频繁, 因而认知用户的传输机会相应减少。此外控制信道传输速率的提升以及认知用户拥有传感器数目的增加, 都能够提升该协议的饱和吞吐量。

图 2.7 给出了 CAM – MAC 和 CREAM – MAC 的数据分组平均时延比较。其中数据分组平均时延包括在接入时延和排队时延。此处设定最小退避窗 $CW_{min} = 64$, 认知用户数目 $u = 10$, 信道利用率

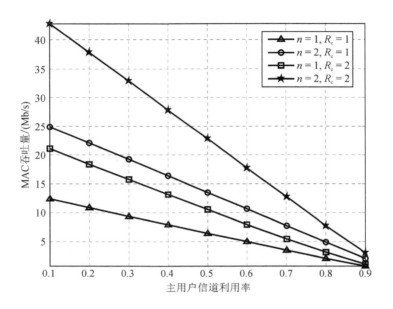

图 2.6　CAM - MAC 吞吐量随主用户信道利用率变化关系

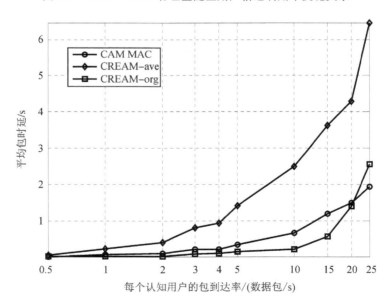

图 2.7　不同 MAC 协议下数据分组平均时延比较

$\alpha = 0.5$ 以及信道数目 W 和传感器数目 n 均为 4。由于控制信道上平均成功预约时长的降低和授权信道上数据传输速率的提升，CAM－MAC协议数据分组的平均时延比采用基于平均 SNR 进行传输的 CREAM－MAC 协议（即图中 CREAM－ave 对应的曲线）数据分组的平均时延低很多。同时由信道衰落引起的信道中断概率对数据包的平均时延有很大影响。CREAM－ave 方案由于信道中断概率高达 0.3283 且平均信道速率较低，故数据分组的平均时延最大。而 CREAM－org 方案中由于信道不存在衰落，因此当认知用户的数据分组到达率较小时，其平均时延最小；但是随着数据分组到达率的继续增加，其时延开始增加。然而，在数据分组到达率较大时，CAM－MAC 协议数据分组的平均时延最小，因为该方案虽然也存在信道中断，但是其等效传输速率比 CREAM－org 的传输速率大很多。

2.6　本章小结

　　本章在多信道 Overlay 认知无线电网络中，针对预约信道与数据信道的不一致性会导致认知用户对空闲频谱资源利用率低下的问题，提出了一种新型的 CAM－MAC 协议。该协议在数据信道上采用基于瞬时 SNR 值的自适应传输，充分利用了多个数据信道上不同的传输速率；同时优化了控制信道上的预约过程，从而减轻了控制信道和数据信道不一致性对多信道 MAC 协议性能的影响。进而，从理论上给出了该协议的饱和吞吐量，并用仿真验证了理论分析的正确性。理论分析与仿真结果表明：与已有相关协议相比，CAM－MAC 协议的性能有显著的提升，如饱和吞吐量和数据包平均时延。同时仿真发现：基于瞬时 SNR 的速率自适应机制能够充分利用空闲频谱资源，因而更加适合认知无线电网络场景。

第3章　最大化认知用户平均能效研究

能效是认知无线电网络中一个非常关键的性能指标。本章研究了快衰落场景中在保障主用户 QoS 的前提下最大化认知用户能效的功率分配策略。首先，采用中断概率约束作为主用户 QoS 指标，以认知用户的平均能效为目标，将该问题建模为具有机会约束的分式优化问题。然后，基于分式规划和拉格朗日对偶理论，提出了一种高效的算法，能够求解最优的功率分配策略，在保障主用户 QoS 的前提下最大化认知用户的平均能效。进而，分析了该算法的计算复杂度。同时发现该场景下平均谱效最大化问题可以归纳为平均能效最大化问题的一个特例。仿真结果表明：认知用户可以通过功率控制最大化自身的平均能效并满足主用户的中断概率约束，同时认知用户的最优平均能效和主用户的中断概率门限仅在一定范围内存在折中。

3.1　概　　述

在认知无线电网络下垫式（Underlay）模式下，当认知用户对主用户产生的干扰小于给定门限值使得主用户的传输性能下降是可以容忍的[49]时，认知用户可以和主用户同时进行传输。在该场景中，更高的能效是认知用户实现对有限功率资源高效利用的一个基本前提（认知用户有限的功率不仅用来提升对空闲频谱的利用率而且需要实现一些额外的重要功能，如获取主用户的信道状态信息等）。因此，如何能够进行高 EE 的传输是认知无线电网络中的一个重要研究课题[68-69]。

目前，已有不少工作关注 Underlay 模式认知无线电网络中的 EE 设计问题[81-84, 100]。文献[81]在多信道多个认知用户场景下，提出一种基于注水因子协助的功率分配方案，来最大化系统的 EE 性能。文献[82]在认知自组织网络（Ad Hoc Networks）中提出一种分布式子载波和功率分配算法，来最大化每一个认知用户的 EE。为了进一步提升纳什均衡点（NE，Nash Equilibrium）的效率，文献[83]设计了一种采用价格机制的分布式功率和带宽分配方案，来最大化上行传输中每个认知用户的 EE。文献[84]在基于正交频分复用（OFDM，Orthogonal Frequency Division Multiplex）的认知无线电网络中，设计了一种近似最优的资源分配方法，来最大化认知用户的 EE。此外，文献[118]研究了多信道 Underlay 模式下，非完美信道状态信息（CSI，Channel State Information）对认知用户 EE 性能的影响。

然而，上述研究仅依据瞬时 CSI 进行静态优化，仅适用于慢衰落场景下的 EE 最大化设计。在快衰落场景下，认知用户的 EE 和主用户的服务质量均需要在所有衰落状态下进行考量。因此，在该场景下，应该采用基于统计的性能指标。例如，认知用户的平均 EE 和主用户的中断概率约束。这是因为在快衰落场景下，用户的一次数据传输会经历多个独立的衰落状态，不同的衰落状态将导致用户的传输性能各不相同。因此，很难在该场景下保障主用户或者认知用户能够达到一个固定的性能指标。文献[119]在具有感知误差的情况下，研究了认知无线电网络中如何最大化认知用户的 EE。该研究考虑了平均干扰功率约束，以及认知用户的平均功率或峰值功率约束。然而，该研究忽视了主用户收发链路与从主用户发送端到认知用户接收端的交叉链路上的信道衰落对认知用户 EE 的影响。因此，在快衰落场景下，如何在所有衰落状态下，最大化认知用户的平均 EE 同时保证主用户的中断概率约束是一个有意义且具有挑战性的问题。

　　另一方面，目前也有一些研究关注认知无线电网络中快衰落场景下的相关问题[120-121]。然而，这些研究往往较多关注用户的频谱利用率，例如认知用户的遍历容量[120-121]。文献[120]在认知用户平均/峰值发送功率约束和主用户中断概率的约束下，研究了如何最大化认知用户的遍历容量。文献[121]在信道统计 CSI 下，考虑了主用户中断概率约束的同时，来最大化认知用户的遍历容量。然而，这些研究不能够直接扩展到对认知用户 EE 最大化问题的求解，因为谱效最大化问题仅仅是 EE 最大化问题的一个特例。

　　本章将考虑在快衰落信道中如何最大化认知用户的平均能效问题。这里，关注的是认知用户采用 Underlay 模式与主用户共享频谱资源的传输场景。为了在此场景下保证主用户传输的 QoS，对主用户的数据传输采用中断概率约束。与此同时，也考虑了对认知用户的平均和峰值功率约束，将该问题建模为具有机会约束的分式规划问题。然而，由于该问题不仅目标函数是非凸的，而且主用户的中断概率约束属于机会约束[122]，因此，对该问题的直接求解比较困难。为了解决这个问题，首先依据分式规划理论将原问题转化为一个参数化的凸优化问题，之后根据拉格朗日对偶理论将其在每个衰落状态下分解为多个并行的子问题。最后，提出了一种高效的功率分配算法。根据该算法，认知用户能够获得最优的功率控制策略，在保证主用户传输的 QoS 的同时最大化认知用户的平均 EE。仿真结果表明：仅在认知用户的平均 EE 和主用户中断概率门限值之间的一定范围内存在折中关系。

3.2　系统模型与问题建模

　　本章中，假定认知用户采用 Underlay 模式与主用户共享频谱资源。考虑图 3.1 所示的认知无线电网络，一条认知用户传输链路与主用户传输链路共享频谱资源。在某个给定授权信道上，主用户发送机（PT，Primary Transmitter）向主用户接收机（PR，Primary Receiver）发送数据；认知用户发送机（ST，Secondary Transmitter）与认知用户接收机（SR，Secondary Receiver）进行通信。由于 Underlay 模式中频谱空间复用的特性，这两条链路之间将产生相互干扰。

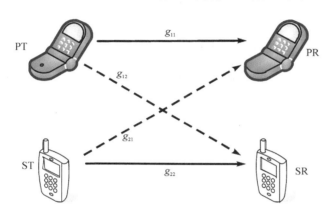

图 3.1　认知链路传输模型

图 3.1 中，将主用户传输链路、认知用户传输链路、主用户发送机 PT 到认知用户接收机 SR 链路以及认知用户发送机 ST 到主用户接收机 PR 链路的瞬时信道功率增益分别标记为 $g_{11}(\nu)$、$g_{22}(\nu)$、$g_{12}(\nu)$ 以及 $g_{21}(\nu)$，其中 ν 指的是所有衰落信道的衰落索引。这里假设这些链路是平稳的、各态历经且相互独立的快衰落信道。为了便于对认知用户 EE 性能的极限进行分析，假设认知用户知道所有信道的瞬时信道增益。与此同时，主用户发送端不知道各个信道的信道增益，因此仅采用恒定功率进行传输。需要指出的是，实际系统中认知用户发送机到主用户接收机链路的信道增益，可以在认知用户发送机处通过标准的信号处理技术进行估计。例如，在时分双工系统中，认知用户可以通过估计主用户的导频信号从而获得该信道增益。另一方面，如果条件允许，认知用户发送机可以通过与主用户协

作从而获得主用户发送机到认知用户接收机链路上的信道增益。最后，认知用户接收机可以通过估计主用户发送端参考信号，来获得主用户发送机到认知用户接收机链路的信道增益，并将该数值反馈给认知用户发送机。

值得指出的是，本章假设所有信道的信道增益是准确的。然而，在实际系统中，由于量化误差、估计误差及信道增益过期等因素，所有信道的信道增益不可避免地包含误差。非完美或者部分信道增益信息将会影响认知用户的容量[122-123]。

3.2.1　认知用户发送功率模型

为了建立认知用户发送功率模型，分别采用两种发送功率约束：峰值发送功率限制和平均发送功率限制。其具体表达式如下：

$$P_2(\nu) \leqslant P_{\max}, \ \forall \nu \geqslant 0 \qquad (3-1)$$

$$E\{P_2(\nu)\} \leqslant P_{\mathrm{av}}, \ \forall \nu \geqslant 0 \qquad (3-2)$$

其中，$P_{\max}$ 和 P_{av} 分别表示认知用户发送机的峰值发送功率门限和平均发送功率门限；$E\{\cdot\}$ 表示求数学期望操作；$P_2(\nu)$ 表示在信道衰落状态 ν 时，认知用户发送机所采用的发送功率，可以看出，$P_2(\nu)$ 的取值依赖于当前的衰落状态 ν。

3.2.2　主用户服务质量模型

在如图 3.1 所示场景下，采用主用户接收机的信干噪比（SINR，Signal-to-Interference-plus-Noise Ratio）中断概率约束来保障主用户传输的服务质量（QoS），如下：

$$\varepsilon_p = \mathrm{Pr}\left\{ \frac{P_1 g_{11}(\nu)}{P_2(\nu) g_{21}(\nu) + \sigma_p^2} < \gamma_p \right\} \leqslant \varepsilon_o \qquad (3-3)$$

其中，γ_p 和 σ_p^2 分别表示主用户接收机的目标 SINR 值和高斯白噪声功率，ε_p 和 ε_o 分别表示主用户接收机的中断概率和中断概率门限值，

P_1 指的是主用户的固定发送功率，$\Pr\{X\}$ 表示事件 X 发生的概率。由于上式以概率来满足主用户的 SINR 需求，因此，其属于机会约束[122]。当认知用户不存在或者保持静默时，将主用户此时的中断概率定义为

$$\varepsilon_p^0 = \Pr\left\{\frac{P_1 g_{11}(\nu)}{\sigma_p^2} < \gamma_p\right\} \tag{3-4}$$

值得注意的是，根据式（3-4）可知，$\varepsilon_p^0 \geqslant 0$。换言之，即使认知用户保持静默时，主用户的传输也会经历中断，这是由无线信道的快衰落引起的。

这里，将 $\Delta\varepsilon = \varepsilon_o - \varepsilon_p^0$ 称为主用户的中断余量。为了确保所求解问题的可行性，本章关注 $\Delta\varepsilon \geqslant 0$ 的情况。特别是，当 $\Delta\varepsilon \geqslant 0$ 时，主用户接收机能够容忍一些由认知用户发送机传输所引起的中断。换言之，此情况下认知用户发送机能够采用更大的发送功率进行数据传输。因此，认知用户发送机能够利用主用户的中断余量 $\Delta\varepsilon$ 来提升自身的平均 EE 性能。

3.2.3　平均能效最大化问题建模

本小节中，研究在满足认知用户峰值和平均发送功率的约束下，认知用户的最优功率分配策略，不但能够确保主用户的 QoS 需求，而且能够最大化认知用户的平均 EE（EE_m）。这里，平均能效定义为认知用户的平均数据速率 $E\{R_{tot}\}$ 与其平均功率消耗 $E\{P_{tot}\}$ 的比值，即 $\text{EE}_m = \dfrac{E\{R_{tot}\}}{E\{P_{tot}\}}$。该指标能够衡量认知用户的 EE 对不同衰落状态取平均的结果。也就是说，平均 EE 指的是从平均角度来说，认知用户消耗每焦耳能量能够发送的比特数目。如果无线信道的衰落过程是时间各态历经的，则统计平均等于时间平均成立。在此情况下，可知下式成立：

$$\text{EE}_{\text{m}} = \frac{E\{R_{\text{tot}}\}}{E\{P_{\text{tot}}\}} = \frac{\lim\limits_{t \to \infty} \dfrac{1}{t} \int_0^t R_{\text{tot}}(t)}{\lim\limits_{t \to \infty} \dfrac{1}{t} \int_0^t P_{\text{tot}}(t)} \qquad (3-5)$$

根据上式，可知平均能效能够表示认知用户发送的总数据比特数与其总功率消耗的比值。

根据上述相关模型与结论，在认知无线电网络快衰落场景中，将认知用户的平均 EE 最大化问题建模为

$$\begin{cases} \textbf{P1}: \max\limits_{P_2(\nu)} h(P_2(\nu)) = \dfrac{E\{R_{\text{tot}}\}}{E\{P_{\text{tot}}\}} = \dfrac{E\left\{ B \operatorname{lb}\left[1 + \dfrac{P_2(\nu) g_{22}(\nu)}{P_1 g_{12}(\nu) + \sigma_s^2} \right] \right\}}{E\{\zeta P_2(\nu) + P_C\}} \\ s.t.\ 式(3-1)，式(3-2)，式(3-3) \\ P_2(\nu) \geqslant 0,\ \forall \nu \geqslant 0 \end{cases}$$

$$(3-6)$$

其中，P_C 和 ζ 分别表示认知用户发送机的固定电路功耗以及其发射机的放大器系数，B 表示信道的带宽，σ_s^2 表示认知用户接收机处的白噪声功率。

在问题 **P1** 中，$h(P_2(\nu))$ 的分子 $E\left\{ B \operatorname{lb}\left[1 + \dfrac{P_2(\nu) g_{22}(\nu)}{P_1 g_{12}(\nu) + \sigma_s^2} \right] \right\}$ 是关于 $P_2(\nu)$ 的凹函数（这是因为凹函数取数学期望后仍然是凹函数[125]）。类似地，$h(P_2(\nu))$ 的分母 $E\{\zeta P_2(\nu) + P_C\}$ 是关于 $P_2(\nu)$ 的仿射函数。由 $h(P_2(\nu))$ 的比值形式，可知 $h(P_2(\nu))$ 是关于 $P_2(\nu)$ 的非凸函数，求解该优化问题十分困难。然而，可以证明 $h(P_2(\nu))$ 是关于 $P_2(\nu)$ 的拟凹函数。

拟凹函数的定义：对于 $\forall \alpha \in \mathbf{R}$，如果一个函数 $f(x)$ 的每一个上水平集 $S^\alpha = \{x \mid f(x) \geqslant \alpha\}$ 都是凸集，则该函数 $f(x)$ 是拟凹函数[125]。对于目标函数 $h(P_2(\nu))$ 而言，可以将其上水平集表示为

$$h(P_2(\nu)) = \frac{E\{R_{\text{tot}}\}}{E\{P_{\text{tot}}\}} \geqslant \alpha \Leftrightarrow g(P_2(\nu)) = E\{R_{\text{tot}}\} - \alpha E\{P_{\text{tot}}\} \geqslant 0$$

$$(3-7)$$

根据实际物理意义，可得认知用户发送机传输时其平均功率消耗 $E\{P_{\text{tot}}\} > 0$，故上式成立。此时，函数 $g(P_2(\nu))$ 是一个凹函数与一个仿射函数之和，仍然属于凹函数[125]。进一步，凹函数的上水平集都是凸集[125]。因此，可知优化问题 **P1** 属于拟凸优化问题。

3.3　迭代功率分配算法

本节首先根据分式规划理论将问题 **P1** 等价转换为一个参数化的凸优化问题 **P2**，然后根据拉格朗日对偶理论求解问题 **P2**，并根据 Dinkelbach 算法提出一种迭代功率分配算法求解问题 **P1** 的最优值，最后分析该迭代功率分配算法的计算复杂度。

3.3.1　原优化问题的等价转换

基于 Dinkelbach 算法[126]，可以将原优化问题 **P1** 转化为参数化的凹函数最大化问题，具体如下：

$$\begin{cases} \mathbf{P2}: \max_{P_2(\nu)} T(q) = E\left\{B\,\mathrm{lb}\left[1 + \dfrac{P_2(\nu)g_{22}(\nu)}{P_1 g_{12}(\nu) + \sigma_s^2}\right]\right\} - qE\{\zeta P_2(\nu) + P_C\} \\ s.t. \ 式(3-1)，式(3-2)，式(3-3) \\ P_2(\nu) \geqslant 0, \ \forall \nu \geqslant 0 \end{cases}$$

$$(3-8)$$

其中，q 是一个非负的参数。该参数可以解释为认知用户功率消耗的价格因子，即功率价格因子。可以看出，通过控制参数 q 的大小，可以对认知用户发送机使用更大发送功率的行为进行"收费"，进而动态调整认知用户发送机的发送功率，从而使得认知用户发送机能够以一种功率有效的方式进行传输。关于问题 **P1** 和 **P2** 的最优值之间的关系，有如下结论。

定理 3.1　当且仅当问题 **P2** 存在一个最优的参数 q^* 使得

$T(q^*)=0$ 成立时，问题 **P1** 取到最优的平均 EE 值。而且，此时最优的平均 EE 值为 q^*。

证明　这里，从理论上证明定理 3.1。首先，通过观察式（3 - 6）中的原优化问题 **P1** 和式（3 - 8）中的等价优化问题 **P2**，可以发现二者具有相同的约束，即二者的可行域相同。这里，用 F 表示这两个问题相同的可行域。与文献[128]类似，分两步来证明定理 3.1，具体步骤如下所示：

步骤 1　问题 **P1** 的最优功率分配策略是问题 **P2** 最优功率分配方法。

首先，定义 q^* 和 $P_2^*(\nu)$ 分别为原优化问题 **P1** 中认知用户的最优平均 EE 和对应的最优功率分配策略。此情况下，认知用户的最优平均 EE 可以表示为

$$
\begin{aligned}
q^* = h(P_2^*(\nu)) &= \frac{E\left\{B\,\mathrm{lb}\left[1+\dfrac{P_2^*(\nu)g_{22}(\nu)}{P_1 g_{12}(\nu)+\sigma_s^2}\right]\right\}}{E\{\zeta P_2^*(\nu)+P_C\}} \\
&\geqslant h(P_2(\nu)) = \frac{E\left\{B\,\mathrm{lb}\left[1+\dfrac{P_2(\nu)g_{22}(\nu)}{P_1 g_{12}(\nu)+\sigma_s^2}\right]\right\}}{E\{\zeta P_2(\nu)+P_C\}},\ \forall P_2(\nu)\in F
\end{aligned}
$$

$$(3-9)$$

根据上式，可以得出下面的结论成立：

$$
E\left\{B\,\mathrm{lb}\left[1+\frac{P_2(\nu)g_{22}(\nu)}{P_1 g_{12}(\nu)+\sigma_s^2}\right]\right\}-q^* E\{\zeta P_2(\nu)+P_C\}\leqslant 0,\ \forall P_2(\nu)\in F
$$

$$(3-10)$$

$$
E\left\{B\,\mathrm{lb}\left[1+\frac{P_2^*(\nu)g_{22}(\nu)}{P_1 g_{12}(\nu)+\sigma_s^2}\right]\right\}-q^* E\{\zeta P_2^*(\nu)+P_C\}=0
$$

$$(3-11)$$

根据式（3 - 10）和式（3 - 11）可知，$P_2^*(\nu)$ 为问题 **P2** 中当 $q=q^*$ 时的最优功率分配策略，而且，该功率分配策略能够使得

$\max T(q^*) = 0$ 成立。

步骤 2　问题 **P2** 的最优功率分配方法也是问题 **P1** 最优功率分配策略。

假定 $P_2^*(\nu)$ 是问题 **P2** 最优功率分配方法，使得下面结论成立：

$$T(q^*) = E\left\{ B\,\mathrm{lb}\left[1 + \frac{P_2^*(\nu)g_{22}(\nu)}{P_1 g_{12}(\nu) + \sigma_s^2}\right]\right\} - q^* E\{\zeta P_2^*(\nu) + P_C\} = 0$$

$$(3-12)$$

根据上述结论，对于任意给定的功率分配策略 $P_2(\nu) \in F$，有如下结论：

$$E\left\{ B\,\mathrm{lb}\left[1 + \frac{P_2(\nu)g_{22}(\nu)}{P_1 g_{12}(\nu) + \sigma_s^2}\right]\right\} - q^* E\{\zeta P_2(\nu) + P_C\}$$

$$\leqslant E\left\{ B\,\mathrm{lb}\left[1 + \frac{P_2^*(\nu)g_{22}(\nu)}{P_1 g_{12}(\nu) + \sigma_s^2}\right]\right\} - q^* E\{\zeta P_2^*(\nu) + P_C\} = 0$$

$$(3-13)$$

根据上式结果，能够得出如下结论成立：

$$\frac{E\left\{ B\,\mathrm{lb}\left[1 + \frac{P_2(\nu)g_{22}(\nu)}{P_1 g_{12}(\nu) + \sigma_s^2}\right]\right\}}{E\{\zeta P_2(\nu) + P_C\}} \leqslant q^*, \quad \forall P_2(\nu) \in F \quad (3-14)$$

$$\frac{E\left\{ B\,\mathrm{lb}\left[1 + \frac{P_2^*(\nu)g_{22}(\nu)}{P_1 g_{12}(\nu) + \sigma_s^2}\right]\right\}}{E\{\zeta P_2^*(\nu) + P_C\}} = q^* \quad (3-15)$$

根据式（3-14）和式（3-15）中结论，可以看出：$P_2^*(\nu)$ 也是原优化问题 **P1** 的最优功率分配策略。

综上所述，根据步骤 1 和步骤 2 的结果，能够证明定理 3.1。

该定理表明：在 $q = q^*$ 的情况下，对于一个以分式为目标函数的最优化问题，存在一个与其等效的相减形式的目标函数的优化问题。这里，"等效"指的是两种问题建模方法能够得出相同的功率分配策略。基于定理 3.1，可以通过求解 **P2** 来获得问题 **P1** 的最优功率控制策略。为了便于后续分析，定义一个指示函数来表征主用户的传输在衰落状态 ν 时是否中断，具体如下：

$$\chi_p(\nu) = \begin{cases} 0, & \dfrac{P_1 g_{11}(\nu)}{P_2(\nu) g_{21}(\nu) + \sigma_p^2} \geqslant \gamma_p \\ 1, & \text{其他情况} \end{cases} \quad (3-16)$$

根据上式，可以将主用户的中断概率约束式（3-3）改写为

$$E\{\chi_p(\nu)\} \leqslant \varepsilon_o \quad (3-17)$$

如前所述，凹函数与仿射函数之和仍然属于凹函数，可知问题 **P2** 的目标函数 $T(q)$ 是关于 $P_2(\nu)$ 的一个凹函数。因此，可以根据拉格朗日对偶理论来求解问题 **P2**。下面给出问题 **P2** 的拉格朗日函数为

$$L(P_2(\nu), \lambda, \mu) = E\left\{ B \,\mathrm{lb}\left(1 + \frac{P_2(\nu) g_{22}(\nu)}{P_1 g_{12}(\nu) + \sigma_s^2}\right)\right\} - qE\{\zeta P_2(\nu) + P_C\}$$
$$- \lambda(E\{P_2(\nu)\} - P_{av}) - \mu(E\{\chi_p(\nu)\} - \varepsilon_o)$$
$$(3-18)$$

式中，$\lambda \geqslant 0$ 和 $\mu \geqslant 0$ 分别表示平均功率约束式（3-2）和主用户中断概率约束式（3-17）所对应的拉格朗日乘子。此时，问题 **P2** 的拉格朗日对偶函数可以表示为

$$g(\lambda, \mu) = \max_{P_2(\nu) \geqslant 0, \, P_2(\nu) \leqslant P_{max}, \, \forall \nu} L(P_2(\nu), \lambda, \mu) \quad (3-19)$$

因此，问题 **P2** 的对偶问题可以表示为

$$\mathbf{P3}: \min_{\lambda \geqslant 0, \, \mu \geqslant 0} g(\lambda, \mu) \quad (3-20)$$

分别用 r^* 和 d^* 表示问题 **P2** 和 **P3** 的最优值。对存在一个严格可行解的凸优化问题，例如问题 **P2**，满足 Slater 条件，因此原问题和对偶问题最优值的差别是 $0^{[125]}$，即对问题 **P2** 和 **P3**，$r^* = d^*$ 成立。该结论使得可以通过求解问题 **P3**，从而得到问题 **P2** 的最优解。

首先，对于给定的拉格朗日乘子 λ 和 μ，可以将式（3-19）中问题 $g(\lambda, \mu)$ 改写为如下形式：

$$g(\lambda, \mu) = E\{g'(\nu)\} + qP_C + \lambda P_{av} + \mu \varepsilon_o \quad (3-21)$$

式中，$g'(\nu)$ 可以表示为

$$g'(\nu) = \max_{P_2(\nu) \geqslant 0,\ P_2(\nu) \leqslant P_{\max},\ \forall \nu} B\ \mathrm{lb}\left[1 + \frac{P_2(\nu)g_{22}(\nu)}{P_1 g_{12}(\nu) + \sigma_s^2}\right]$$

$$- (q\zeta + \lambda)P_2(\nu) - \mu\chi_p(\nu) \qquad (3-22)$$

因此，可以通过对每个衰落状态 ν 求解对应的子问题 $g'(\nu)$，来求解问题 $g(\lambda, \mu)$。对不同衰落状态 ν，观察发现式(3-22)中的最大化问题 $g'(\nu)$ 具有相同的结构，因此可以采用类似的方法进行求解。为了简化分析，这里去掉衰落状态 ν，进而将问题 $g'(\nu)$ 改写为

$$\begin{cases} \max B\ \mathrm{lb}\left[1 + \dfrac{P_2 g_{22}}{P_1 g_{12} + \sigma_s^2}\right] - (q\zeta + \lambda)P_2 - \mu\chi_p(P_2) \\ s.t.\ P_2 \geqslant 0,\ P_2 \leqslant P_{\max} \end{cases} \qquad (3-23)$$

其中，$\chi_p(P_2)$ 表示将式(3-16)所定义的指示函数写成关于认知用户发送功率 P_2 的函数。为了求解式(3-23)中的最大化问题，定义一个与其相关的优化问题如下：

$$\begin{cases} \max f(P_2) = B\ \mathrm{lb}\left[1 + \dfrac{P_2 g_{22}}{P_1 g_{12} + \sigma_s^2}\right] - (q\zeta + \lambda)P_2 \\ s.t.\ P_2 \geqslant 0,\ P_2 \leqslant P_{\max} \end{cases} \qquad (3-24)$$

根据凸优化理论可知，$f(P_2)$ 是关于认知用户发送功率 P_2 的凹函数。结合 KKT(Karush-Kuhn-Tucker)最优性条件，可以得出式(3-19)中最大化问题的最优功率分配策略为

$$x = \min\left\{\left[\frac{B}{(q\zeta + \lambda)\ln 2} - \frac{P_1 g_{12} + \sigma_s^2}{g_{22}}\right]^+,\ P_{\max}\right\} \qquad (3-25)$$

式中，$[z]^+ = \max\{z, 0\}$。此时，可以将式(3-23)中最大化问题的目标函数改写为 $f(P_2) - \mu\chi_p(P_2)$。根据式(3-23)，可知 $\chi_p(P_2)$ 是关于 P_2 的阶跃函数，其跳变点 y 可以表示为

$$y = \frac{1}{g_{21}}\left(\frac{P_1 g_{11}}{\gamma_p} - \sigma_p^2\right) \qquad (3-26)$$

根据式(3-26)和式(3-16)，可以看出，当 $y < 0$ 时，对于任意 $P_2 \geqslant 0$，

$\chi_p(P_2) = 1$ 总成立。标记 P_2^* 为式 (3-23) 中最大化问题的最优解。根据式 (3-25) 中 x 与式 (3-26) 中 y 值的相对大小关系，分情况讨论最优解 P_2^* 的取值。

情况 1 当 $y \geqslant x$ 时，$f(P_2)$ 在 $P_2 = x$ 时取得最大值。当 $P_2 = x$ 时，$\chi_p(P_2) = 0$ 成立，即此时主用户的中断概率约束式 (3-17) 不起作用（即该约束是冗余的）。因此，在此情况下，可得最优解的取值为 $P_2^* = x$。

情况 2 当 $0 \leqslant y < x$ 时，x 与 y 谁是最优解取决于二者所对应的式 (3-23) 中优化问题目标函数取值的相对大小。此时，有 $\chi_p(x) = 1$ 和 $\chi_p(y) = 0$ 同时成立。故此情况下，最优解 P_2^* 的取值可以表示为

$$P_2^* = \begin{cases} x, & f(y) < f(x) - \mu \\ y, & \text{其他情况} \end{cases}$$

情况 3 当 $y < 0$ 时，$\chi_p(y) = 1$ 总是成立。换言之，无论认知用户发送机采用多大发送功率进行传输，主用户的传输总是处于中断状态。此时，$\chi_p(y)$ 的取值对式 (3-23) 中优化问题的最优解没有影响。因此，可得此时最优解为 $P_2^* = x$。

综上所述，可得定理 3.2。

定理 3.2 问题 **P3** 的最优解 P_2^* 可以表示为

$$P_2^* = \begin{cases} x, & y \geqslant x \\ x, & 0 \leqslant y < x, f(y) < f(x) - \mu \\ y, & 0 \leqslant y < x, f(y) \geqslant f(x) - \mu \\ x, & y < 0 \end{cases} \tag{3-27}$$

式中：$f(\cdot)$、x 和 y 分别由式 (3-24)、式 (3-25) 和式 (3-26) 给出。

证明 根据情况 1 至情况 3 和凸优化的相关理论，可以证明上述结论。

为了求解最优的拉格朗日乘子 λ^* 和 μ^*，采用次梯度方法进行求解。具体来讲，可以通过如下的迭代过程来更新 λ 和 μ：

$$\lambda^{(k+1)} = \left[\lambda^{(k)} - s^{(k)} \left(P_{av} - E\{ P_2(\nu) \} \right) \right]^+ \qquad (3-28)$$

$$\mu^{(k+1)} = \left[\mu^{(k)} - s^{(k)} \left(\varepsilon_o - E\{ \chi_p(\nu) \} \right) \right]^+ \qquad (3-29)$$

式中：k 表示次梯度方法的迭代次数，$s^{(k)} > 0$ 表示一个足够小的第 k 次迭代步长。当迭代步长是常数时，可以证明次梯度方法能够收敛到最优值[127]。

3.3.2　迭代功率分配算法

当给定一个值 q 时，问题 **P2** 可以通过式(3-27)所表示的功率分配策略来有效求解。为了方便理解，可以将问题 **P1** 的目标函数改写为

$$h(P_2(\nu)) = \frac{E\left\{ B\, \mathrm{lb} \left[1 + \dfrac{P_2(\nu) g_{22}(\nu)}{P_1 g_{12}(\nu) + \sigma_s^2} \right] \right\}}{E\{ \zeta P_2(\nu) + P_C \}} = \frac{U_R(P_2(\nu))}{U_P(P_2(\nu))}$$

$$(3-30)$$

如前所述，分子 $U_R(P_2(\nu))$ 是关于 $P_2(\nu)$ 的凹函数，而分母 $U_P(P_2(\nu))$ 是关于 $P_2(\nu)$ 的仿射函数。因此，$h(P_2(\nu))$ 可以看成是一个凹函数与一个仿射函数的比值，即问题 **P1** 属于非线性分式规划问题。

为了求解原优化问题 **P1**，需要得到问题 **P2** 中最优的功率价格因子 q^*。为此，可以采用 Dinkelbach 算法。Dinkelbach 算法非常适合求解此类分式规划问题，而且该算法被证明可以以超线性速度收敛到该类问题的最优值[126]。在此基础上，提出了一种迭代功率分配算法(IPA，Iterative Power Allocation algorithm)来求解问题 **P1**，如算法 3.1 所示。

算法 3.1　迭代功率分配算法(IPA，Iterative Power Allocation algorithm)

1：输入：最大迭代次数 $L_{\max}$ 和误差容忍门限 $\delta_i > 0$，$i \in \{1, 2, 3\}$；

2：初始化平均能效 $q^{(0)} = q_0$，迭代索引 $n = 0$ 和 $k = 0$，对偶变量 $\lambda^{(0)} = \lambda_0$ 和 $\mu^{(0)} = \mu_0$；

3：当 $T(q^{(n)}) > \delta_3$ 且 $n \leqslant L_{\max}$ 时，循环执行：

4：　　　对于每一个 ν，采用式（3 - 27）计算 $P_2^{(k)}(\nu)$；

5：　　　采用如下次梯度算法更新对偶变量 λ 和 μ：

6：　　　重复执行：

7：　　　　　$\lambda^{(k+1)} = \left[\lambda^{(k)} - s^{(k)}\left(P_{\mathrm{av}} - E\{P_2^{(k)}(\nu)\}\right)\right]^+$；

8：　　　　　$\mu^{(k+1)} = \left[\mu^{(k)} - s^{(k)}\left(\varepsilon_o - E\{\chi_p(P_2^{(k)}(\nu))\}\right)\right]^+$；

9：　　　　　$k = k + 1$；

10：　　　直到 $\left|\lambda^{(k)}\left(P_{\mathrm{av}} - E\{P_2^{(k)}(\nu)\}\right)\right| \leqslant \delta_1$ 且 $\left|\mu^{(k)}\left(\varepsilon_o - E\{\chi_p^{(k)}(\nu)\}\right)\right| \leqslant \delta_2$

11：　　　更新 $n = n + 1$ 且 $q^{(n)} = \dfrac{U_R(P_2^{(k)}(\nu))}{U_P(P_2^{(k)}(\nu))}$；

12：循环结束

13：输出：返回最优的 $P_2^*(\nu) = P_2^{(k)}(\nu)$ 和 $q^* = q^{(n)}$。

　　算法 3.1 能够有效地求解问题 **P1**，得出其最优值和对应的最优功率分配策略，具体证明过程可以分为以下三步：

　　步骤 1　根据定理 3.1，当且仅当问题 **P2** 存在一个最优的参数 q^* 使得 $T(q^*) = 0$ 成立时，问题 **P1** 达到其最优的平均 EE 值。而且，此时最优的平均 EE 值为 q^*。因此，只要在问题 **P2** 中令 $q = q^*$ 并求解此时的问题 **P2**，就可以得到问题 **P1** 最优功率分配策略。

　　步骤 2　当 $q = q^*$ 时，问题 **P2** 的目标函数是一个凹函数，其约束定义了一个凸集。因此可知，该优化问题属于凸优化问题，通过次梯度法能够获得该优化问题的最优解。因此，算法 3.1（第 4 到 10 行即为次梯度算法迭代过程）对于任一给定 q，能够得到问题 **P2** 的最优解。

　　步骤 3　依据 Dinkelbach 算法[126]的思想，算法 3.1 的 while 循环（第 3 到 12 行）能够获得最优的功率价格因子 q^*。具体来说，可以证明 Dinkelbach 算法能够获得分式规划问题 **P1** 的最优值 q^*。

　　综上所述，根据上述步骤，可以证明算法 3.1 能够得到问题 **P1** 的最优功率分配策略，在保障主用户 QoS 的前提下，能够最大化认知用户的平均 EE。

这里值得指出的是，在算法 3.1 中，仅当 $T(q^{(n)}) = 0$ 时，可以获得问题 **P1** 的最优功率分配策略，否则，将获得 δ-最优的功率分配策略，即所获得的功率分配策略可达到离最优性能误差不超过 δ 的性能。

3.3.3　算法复杂度分析

为了方便读者更好地理解算法 3.1 的性能，进一步分析算法 3.1 的计算复杂度。

首先，具体分析算法 3.1 中 while 循环内部（第 4 到 11 行）的复杂度如下：

(1) 采用式 (3-27) 计算 $P_2^{(k)}(\nu)$ 的复杂度，可以表示为 $O(N_c)$，其中 N_c 表示衰落信道的实现次数；

(2) 更新 λ 和 μ（第 7 和 8 行）的复杂度分别为 $O(N_c)$。因此，获得求解最优拉格朗日乘子 λ^* 和 μ^*（第 6 到 10 行）的复杂度为 $N_s \times O(N_c)$。这里，N_s 表示采用次梯度法求解 λ^* 和 μ^* 的循环的迭代次数。值得注意的是，N_s 的大小取决于误差容忍门限 $\min\{\delta_1, \delta_2\}$ 的选取。然而，对于一个给定的 $\min\{\delta_1, \delta_2\}$，$N_s$ 是一个常数。这是因为当迭代步长 $s^{(k)}$ 是常数时，次梯度方法在一个小的范围内能够确保收敛到最优值。

基于上述 (1) 和 (2) 的分析结果，可以得出算法 3.1 中 while 循环内部（第 4 到 11 行）的复杂度为 $O_{wh} = O(N_c) + N_s \times 2O(N_c)$。

然后，在此基础上，分析整个算法 3.1 的复杂度。在该算法中，需要执行整个 while 循环（第 3 到 12 行）N_f 次来求解最优的参数 q^*。这里，N_f 表示采用 Dinkelbach 算法求解 q^* 时，需要执行整个 while 循环的迭代次数。值得注意的是，N_f 的具体大小取决于误差容忍门限 δ_3 的选取。对一个给定的 δ_3，N_f 是一个确定的常数，因为

Dinkelbach 算法被证明能够以超线性速度收敛到最优值。

　　综上所述，可得所提迭代功率分配算法 3.1 的计算复杂度为

$$O_{\text{tot}} = N_f \times O_{\text{wh}} = N_f \times [O(N_c) + N_s \times 2O(N_c)] = O(N_f N_s N_c)$$

$$(3-31)$$

3.4　性能仿真与分析

　　通过仿真来对所提功率分配算法进行性能仿真和分析。假设图 3.1 中所有的信道服从 Rayleigh 分布，因此，所有信道的信道功率增益服从指数分布。具体来说，不失一般性，设定 g_{11} 和 g_{22} 的均值为 1，此时 g_{12} 和 g_{21} 的均值都是 0.5。认知用户接收机和主用户接收机处的高斯白噪声 σ_s^2 和 σ_p^2 均设置为 0.01。假定信道带宽 B 归一化为 1 Hz。在仿真中，总共产生了 10 000 组信道增益向量，来逼近各态历经的快衰落信道下认知用户的平均 EE 性能。这里，设定主用户发送功率 $P_1 = 60\,\text{mW}$，主用户接收机信干噪比 SINR 门限值 $\gamma_p = 1$。此时，当认知用户静默时，主用户的中断概率 ε_p^0 约为 0.17。设定参数 $\zeta = 0.20$ 和静态功率消耗 $P_C = 0.05\,\text{W}$。此外，误差容忍门限设置为 $\delta_i = 0.0001$，$i = 1, 2, 3$，同时在次梯度法中迭代步长为 $s^{(k)} = 0.1$。

3.4.1　认知用户平均能效性能分析

　　图 3.2 描述了当 $P_{\max} = 0.5\,\text{W}$ 时，认知用户平均 EE 随着主用户的中断余量 $\Delta\varepsilon$ 变化的趋势。为了便于对比，在图 3.2 中也展示了不同 P_{av} 下，认知用户平均 EE 性能的变化趋势。可以看出：认知用户的平均 EE 一开始随着 P_{av} 的增加而增加，因为 P_{av} 的增加允许认知用户从平均的角度采用更大的发送功率，从而增加了认知用户的平均 EE。然而，当 $P_{\text{av}} = 200\,\text{mW}$ 时，认知用户的平均 EE 不再增加且基本保持恒定。这是因为在当前的仿真参数设置下，当 $P_{\text{av}}^* = 167\,\text{mW}$

时，认知用户的平均 EE 已经取到了其最大值。

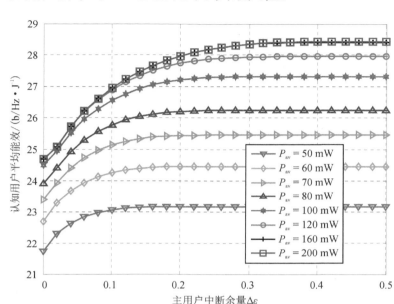

图 3.2　不同平均发送功率 P_{av} 下认知用户的平均能效比较

另一方面，平均 EE 随着 $\Delta\varepsilon$ 增加先增加而后保持不变。当平均 EE 比较小时，主用户中断余量 $\Delta\varepsilon$ 的增加，使得认知用户能够采用更大的发送功率。有趣的是，不同于 SE 最大化问题，主用户中断余量 $\Delta\varepsilon$ 的不断增加，并不总是能够一直提高认知用户的平均 EE。也就是说，仅当 $\Delta\varepsilon$ 在一段范围之内时，认知用户的平均 EE 与主用户中断余量 $\Delta\varepsilon$ 存在折中关系。随着 $\Delta\varepsilon$ 继续增加，所有的曲线不再继续增加而保持不变。造成该现象的原因可以分为两类：

（1）用方框标记的曲线是因为当 $P_{av} = 200$ mW 时，平均 EE 达到其最大值；

（2）其他曲线是因为认知用户的峰值功率约束式（3 − 1）限制了认知用户的发送功率，从而限制了其平均 EE 的大小。

图 3.3 给出了认知用户平均 EE 随着不同 P_{max} 变化的趋势。类似地，平均 EE 性能开始随着 $\Delta\varepsilon$ 的增加而增加。然而，随着 $\Delta\varepsilon$ 的进

一步增加，平均 EE 不再增加而基本保持不变，这是因为认知用户的峰值功率约束式(3-1)的限制。而且，当 $P_{av} \leqslant P_{av}^*$ 时，P_{max} 的增加可以提升认知用户的平均 EE。然而，平均 EE 的增加量随着 P_{max} 的继续增长而逐渐减小，这是因为平均 EE 函数具有边际递减特性。

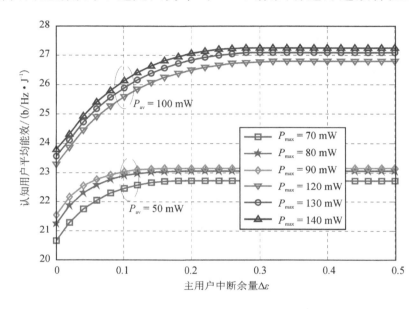

图 3.3　不同峰值发送功率 P_{max} 下认知用户的平均能效比较

图 3.4 研究了不同的主用户发送功率 P_1 对认知用户平均 EE 性能的影响。这里，设定 $P_{av} = 100~mW$ 且 $P_{max} = 0.5~W$。值得注意的是，从式(3-4)可知，不同的主用户发送功率 P_1 将导致不同的初始中断概率 ε_p^0。从图 3.4 可以看出，认知用户的平均 EE 随着 P_1 的增加而减小，因为 P_1 的增加使得主用户对认知用户造成更大的干扰。而且，在图 3.4 中，随着 $\Delta\varepsilon$ 的增加，认知用户平均 EE 增加的范围逐渐减小。换言之，认知用户的平均 EE 和主用户的中断余量 $\Delta\varepsilon$ 存在折中关系的范围逐渐减小。这是因为随着主用户发送功率 P_1 的增加，认知用户的功率被平均功率约束式(3-2)限制，或者其已经达到最大平均 EE。最后，随着 $\Delta\varepsilon$ 的继续增加，认知用户的平均 EE 保

持不变。其中有两方面原因：一是当 P_1 比较小时，认知用户被平均发送功率约束式(3-2)限制了其发送功率，从而使得其平均 EE 保持不变；二是当 P_1 比较大时，认知用户受到的干扰变大，使其更容易达到其平均 EE 的最大值。

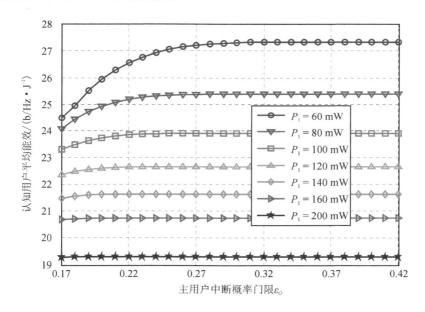

图 3.4　不同主用户发送功率 P_1 下认知用户的平均能效比较

3.4.2　平均能效与平均谱效性能比较

给定 $P_{max} = 0.5\,\mathrm{W}$ 时，图 3.5 在不同 $\Delta\varepsilon$ 下，比较了 Rate - Max 方案和所提方案的平均 EE。这里，Rate - Max 方案指的是：认知用户通过调整发送功率，来最大化其平均数据传输速率或谱效。需要指出的是，当功率价格因子 $q = 0$ 时，问题 **P2** 简化为认知用户速率即 SE 最大化问题。也就是说，可以在问题 **P2** 中令 $q = 0$，来求解 Rate - Max 方案下的最优功率分配策略。因此可知，认知用户平均 SE 最大化问题可以归纳为所关注的认知用户平均 EE 最大化问题的一个特例。可以看出，当以认知用户平均 EE 为衡量指标时，所提方

案比 Rate‐Max 方案具有明显的优势。此外，认知用户的平均 EE
在 Rate‐Max 方案下随着 $\Delta\varepsilon$ 的增加开始增加。之后，随着 $\Delta\varepsilon$ 的继
续增加，认知用户的平均 EE 在 $P_{av} = 200\ \mathrm{mW}$ 时基本上保持不变，
而在 $P_{av} = 500\ \mathrm{mW}$ 时，该值迅速下降。这是因为 Rate‐Max 方案仅
仅追求认知用户 SE 的最大化。

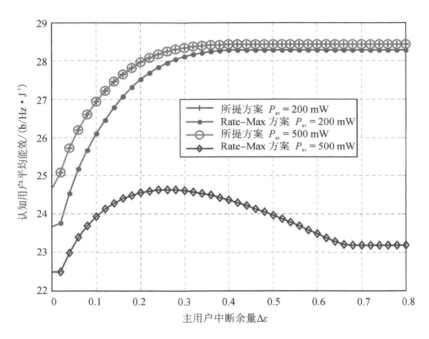

图 3.5　两种方案下认知用户的平均能效比较

　　图 3.6 在给定 $P_{max} = 0.5W$ 时，描述了 Rate‐Max 方案和所提
方案的平均 SE 比较。可以看出，两种方案下的平均 SE 均随着 $\Delta\varepsilon$ 的
增加开始增加，进而保持不变。一开始，$\Delta\varepsilon$ 的增加使得在保障主用
户 QoS 需求的情况下，认知用户可以采用更大的发送功率进行传
输。然而，随着 $\Delta\varepsilon$ 的继续增加，两种方案下的曲线均保持不变。具
体来说，在 Rate‐Max 方案下，$P_{av} = 500\ \mathrm{mW}$ 的曲线保持不变，是
由于认知用户已经采用其最大功率进行传输；而 $P_{av} = 200\ \mathrm{mW}$ 的曲
线保持不变，是因为平均发送功率约束式（3‐2）限制了认知用户的

发送功率。在所提方案下，曲线保持不变，因为认知用户已经达到了其最大的平均 EE，因而一直采用该最优功率分配策略进行传输，因此，其 SE 基本保持不变。另一方面，Rate - Max 方案在 SE 方面优于所提的方案，这是因为所提方案以最大化认知用户的平均 EE 而不是其平均 SE 为目标。这也从侧面说明了，认知用户的平均 SE 和平均 EE 之间是存在折中关系的。

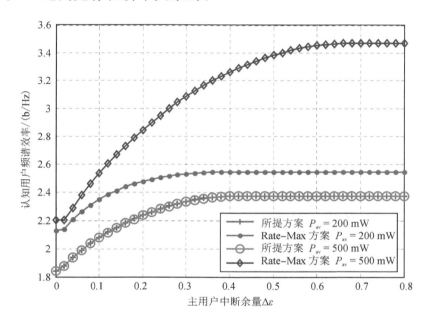

图 3.6　两种方案下认知用户的平均谱效比较

3.4.3　信道增益对最优功率分配的影响

这里研究相关信道上的信道增益和静态功耗 P_C 对认知用户功率分配策略的影响。首先，从理论上分析各个信道增益 g_{11}、g_{22}、g_{12} 和 g_{21} 对最优功率分配策略 P_2^* 的影响，进而分析认知用户发送端的静态功率消耗 P_C 对 P_2^* 的影响。根据定理 3.2 可知，最优功率分配策略 P_2^* 的具体取值依赖于这四个信道增益的联合作用。具体来说，有如下结论：

（1）如果最优功率取值为

$$P_2^* = x = \min\left\{\left[\frac{B}{(q\zeta + \lambda)\ln 2} - \frac{P_1 g_{12} + \sigma_s^2}{g_{22}}\right]^+,\ P_{\max}\right\}$$

可以将这种情况进一步分为两个子情况。

情况 A： 当 $x = P_{\max}$ 时，可知此时最优功率 P_2^* 固定为 $P_{\max}$。故在这种情况下，P_2^* 与 4 个信道的信道增益和静态功耗 P_C 均无关。

情况 B： 当 $x = \left[\dfrac{B}{(q\zeta + \lambda)\ln 2} - \dfrac{P_1 g_{12} + \sigma_s^2}{g_{22}}\right]^+$ 时，分析各个信道增益和 P_C 对 P_2^* 的影响。具体如下：关于信道增益 g_{22}，P_2^* 呈现出注水功率分配的特性。这是因为一个较大的 g_{22} 意味着认知用户发送机到认知用户接收机之间的信道条件比较好，认知用户发送机适合采用较大发送功率进行传输。与此同时，P_2^* 随着 g_{12} 的增加而减小，因为较大的 g_{12} 意味着主用户发送机对认知用户接收机的干扰更大。此时，一个较大的 P_C 将会导致认知用户平均 EE 下降，进而导致功率价格因子 q 减小。这是因为认知用户的平均 EE 值功率价格因子 q 成正比。而且，功率价格因子 q 的减小将会导致此时 x 值的增加。因此可知在此情况下，一个较大的 P_C 将会导致 P_2^* 增加。

（2）当最优功率取值为 $P_2^* = y = \dfrac{1}{g_{21}}\left(\dfrac{P_1 g_{11}}{\gamma_p} - \sigma_p^2\right)$ 时，对信道增益 g_{21} 来说，P_2^* 类似于截断信道翻转的功率分配策略。这是因为较大的 g_{21} 意味着在相同的发送功率下，认知用户发送机将会对主用户接收机造成更大的干扰。因此，在此情况下，认知用户发送机应该限制其发送功率，以确保主用户接收机的 SINR 需求得到满足。另一方面，P_2^* 随着 g_{11} 的增加而单调增加。这是因为，一个较大的 g_{11} 意味着主用户发送机到主用户接收机之间的信道质量比较好，故而主用户接收机能够容忍由认知用户传输所造成的更大的干扰。特别地，在此情况下，最优功率分配 P_2^* 与静态功耗 P_C 无关。

　　进一步，通过仿真结果来研究所有信道增益以及不同的静态功耗 P_C 对认知用户最优功率分配 P_2^* 的影响。仿真中，总共产生了 10 000 组信道增益向量的样点，同时在其中选取了一些典型样本值来研究。

　　图 3.7 在给定 $\Delta\epsilon = 0.10$ 时，给出了认知用户的最优功率分配随着各个信道增益和不同 P_c 的变化趋势。具体来说，图 3.7(a) 和 (b) 分别给出了当 $P_2^* = x$ 时，最优功率分配 P_2^* 随着信道增益 g_{22} 和 g_{12} 的变化趋势。可以看出，在图 3.7(a) 中，P_2^* 先随着 g_{22} 的增加而增加，随后受限于峰值发送功率 $P_{\max}$ 而保持不变；在图 3.7(b) 中，P_2^* 首先受限于峰值发送功率 $P_{\max}$，之后随着 g_{12} 的增加而减小。从

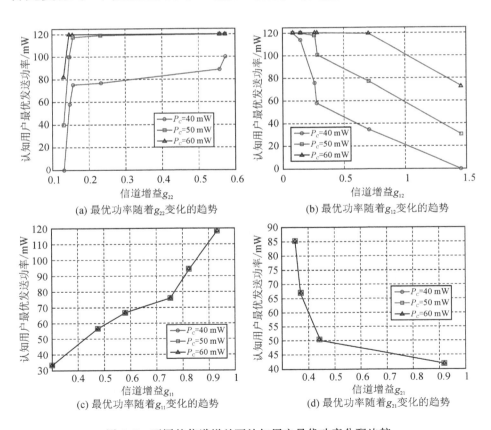

(a) 最优功率随着 g_{22} 变化的趋势　　　　　(b) 最优功率随着 g_{12} 变化的趋势

(c) 最优功率随着 g_{11} 变化的趋势　　　　　(d) 最优功率随着 g_{21} 变化的趋势

图 3.7　不同的信道增益下认知用户最优功率分配比较

图 3.7(a)和(b)中，可以看出 P_2^* 都是随着 P_C 的增加而增加的。图 3.7(c)和(d)分别给出了当 $P_2^* = y$ 时，最优功率分配 P_2^* 随着信道增益 g_{11} 和 g_{21} 的变化趋势。在图 3.7(c)中，P_2^* 随着 g_{11} 的增加而增加；在图 3.7(d)中，P_2^* 随着 g_{21} 的增加而减小。值得注意的是，当 $P_2^* = y$ 时，最优功率分配 P_2^* 在不同的 P_C 下保持不变，即最优功率分配 P_2^* 与静态功耗 P_C 无关。

3.5　本章小结

本章在快衰落信道认知无线电网络场景中，考虑了采用何种功率控制策略在保障主用户的 SINR 中断概率约束的同时来最大化认知用户的平均 EE。这里，同时考虑了认知用户的峰值和平均功率约束，将该问题建模为具有随机约束的非线性分式规划问题，进而提出了一种迭代功率算法，由该算法能够得出最优的功率控制策略。更进一步，从理论上发现：在该场景中，传统的平均 SE 最大化问题可以归纳为平均 EE 最大化问题的一个特例。而且，认知用户的平均 EE 是关于其发送功率的拟凹函数。最后，通过理论分析和相关仿真分析比较发现：

（1）仅在主用户中断概率余量的一定范围内，认知用户可以通过利用主用户的中断概率余量，来提升认知用户的 EE，即认知用户的平均 EE 和主用户的中断概率之间存在折中关系。

（2）存在最优的峰值和平均发送功率门限，使得认知用户的平均 EE 最大化。

（3）主用户发送功率的增加使得认知用户的平均 EE 降低。

第 4 章　非完美信道信息下认知用户鲁棒性能效最大化研究

　　在认知无线电网络中，认知用户的能效和其对主用户的干扰均严重依赖于无线信道的信道状态信息（CSI）。针对多信道 Underlay 认知无线电网络中，非完美 CSI 不仅会极大降低认知用户能效，还会严重损害主用户正常通信的问题，本章研究了在 CSI 不准确的情况下，认知用户如何进行功率分配，从而在保障主用户传输的前提下最大化其自身能效。从鲁棒性优化的角度，本章首先将该问题建模为一个具有无限个约束的最大最小优化问题。随后，基于分式规划和全局优化理论，提出了一种基于交替迭代的功率分配算法来求解该问题。仿真结果表明：当 CSI 不准确时，所提鲁棒性方案能够严格保证对主用户的干扰小于给定门限值，同时还能显著提升认知用户的能效性能。尤为重要的是，仿真发现：非鲁棒性方案下的能效在 CSI 误差很小时具有一定的鲁棒性；当 CSI 不准确时，认知用户的能效并不总是随着干扰门限值的增加而增长，而是存在一个最优的能效。

4.1　概　　述

　　认知无线电作为一种灵活高效的频谱共享技术，可以用来缓解目前无线通信系统中可用频谱资源匮乏与已分配频谱利用率极低的矛盾[7, 129]。在 Underlay 认知无线电网络中，认知用户可以和主用户在授权频段上同时进行传输，只要认知用户对主用户的干扰严格小于一个预先设定的干扰门限值[11-12, 59]即可。由于 Underlay 模式的简单性和较高的谱效，本章关注采用 Underlay 模式的认知无线电网络。此外，由于经济成本和污染气体排放等因素，能效在未来通信系统中变得越来越重要[69]。根据文献[68]、[71]、[72]，可知蜂窝系统中无线接入侧的功率放大器消耗了整个系统 50%～80%的能量，因此，通过功率分配技术来优化无线接入网络的 EE 显得至关重要。

至今，在非认知无线电网络场景中，已有很多研究关注 EE 最大化问题[73-80]。诚然，目前在 Underlay 认知无线电网络中，也存在一些研究关注认知用户的 EE 最大化问题[81-83]。文献[81]在多信道多个认知用户场景下，提出一种功率分配方案，来最大化系统的 EE。文献[82]在认知自组织网络（Ad Hoc Networks）中，提出一种分布式子载波和功率分配算法，来最大化每一个认知用户的 EE。为了进一步提升纳什均衡点（NE, Nash Equilibrium）的效率，文献[83]设计了一种采用价格机制的分布式功率和带宽分配方案，来最大化上行传输中每个认知用户的 EE。

然而，上述这些工作普遍采用了一个假设：信道状态信息（CSI）是准确的或者完美的。由于无线信道的随机特性、有限长的训练序列、量化、信道估计、反馈信道时延和其他实际因素，CSI 不可避免地包含误差或者存在不确定性（channel uncertainties）。这些误差极大地影响了无线通信网络中系统的性能，如在认知无线电网络中将会导致主用户传输的服务质量（QoS）不能够得到严格保障。为了处理无线 CSI 的不确定性问题，鲁棒性优化理论目前已经被广泛地应用于无线通信领域[101-104]。一般来说，在鲁棒性优化理论中存在两种基本范式：贝叶斯（Bayesian）或随机方式[101-102]和最差情况优化（worst-case optimization）方式[103-104]。前者假设已知信道不确定性的统计信息，在保障用户 QoS 约束以一定概率成立的情况下来优化系统性能。然而，这种随机方式不能够严格地满足在 Underlay 认知无线电网络中主用户的 QoS 需求对认知用户的传输限制，因为在 Underlay 模式下，即使 CSI 存在不确定性，认知用户也应该严格遵守主用户的 QoS 对其的传输需求。换言之，即使在 CSI 存在误差的情况下，认知用户对主用户传输产生的干扰也应该严格小于或者等于预先设定的干扰门限值。

　　另一方面，最差情况优化方式假设 CSI 误差在确定性的区域里面，能够保证通信网络在最差情况下的系统性能；同时，当 CSI 在不确定区域里面任意取值时，该方法都能够使得所关注问题中的相关约束严格成立。量化误差是一种信道误差严格有界的典型例子[106]。因此可知，最差情况优化方式能够在最差情况下满足用户的 QoS 需求，即当信道误差在有界区域里面任意取值时，其都能够满足用户的 QoS 需求。综上所述，最差情况优化方式是 Underlay 认知无线电网络中一个有意义的鲁棒性设计方式。因此，本章关注最差情况优化方式，即假定信道误差是严格有界的。

　　目前，在 Underlay 认知无线电网络中，已有一些研究采用了最差情况的鲁棒性设计[107-110]。具体来说，即文献[107]～[109]研究了该场景下鲁棒性速率最大化问题；文献[110]提出了一种鲁棒性波束赋形方案，来最大化所有认知用户中最差的信干噪比性能。然而，这些工作的目标函数是认知用户发送功率的凹函数或者仿射函数。由于 EE 函数是认知用户发送功率的非凸函数，因此，这些已有的方案不能直接扩展到 EE 最大化问题上来。需要指出的是，EE 最大化问题与传统的谱效最大化问题有很大区别，因为使得 EE 最大化的功率分配策略并不一定出现在最大允许的发送功率处。据调研所知，目前还没有工作关注 Underlay 认知无线电网络中认知用户鲁棒性能效最大化问题。

　　本章将在一个由多个认知用户和主用户共享频谱资源的下行

Underlay 认知无线电网络中，研究如何进行认知用户鲁棒性能效最大化设计的问题。为了全面和清晰地研究 CST 不确定性对系统性能的影响，考虑信道误差出现在所有相关的信道上时的：① 认知基站（CBS，Cognitive Base Station）和认知用户之间的信道功率增益；② 认知基站和主用户接收端之间的信道功率增益；③ 主用户基站（PBS，Primary Base Station）对认知用户的合成干扰。采用最差情况优化鲁棒性设计方式，将该场景下 EE 最大化问题建模为具有无限约束的最大最小（max-min）优化问题。然而，即使不考虑无限约束，该问题的求解依然十分具有挑战性。由于该问题的外部最大化问题是非凸的，同时其内部最小化问题属于凹函数最小化问题，因此该类优化问题一般来说是非多项式时间可解的，即 NP 难的（Non-deterministic Polynomial-time hard）。

为了求解该问题，首先，将无限约束转化成它的等价凸约束，来处理认知基站到主用户的信道不确定性；之后，得出最差情况下主用户基站对认知用户合成干扰的闭式解；随后，通过分式规划理论来求解该问题的外部最大化问题，并且基于全局优化理论求解其内部最小化问题；最后，提出一种基于交替迭代的功率分配算法来求解整个原问题。更重要的是，在每个认知用户传输占用一个信道和认知基站到认知用户信道上的不确定性相互独立的两种特殊场景下，得出了内部最小化问题的闭式解，从而高效地求出原问题的最优解。仿真结果表明：在 CSI 存在不确定性时，所提方案与非鲁棒性方案（假设 CSI 不存在不确定性，而直接采用估计的 CSI 进行 EE 最大化的方法）相比能够有效提升认知用户的 EE。而且，当 CSI 在各自不确定集合中任意取值时，所提方案都能够严格保证认知用户的传输对主用户的干扰小于给定门限值。有趣的是，仿真发现：

（1）认知用户最差情况的 EE 在比较小的信道误差情况下基本保持不变，具有一定的抵抗 CSI 误差的能力。

（2）认知用户最差情况的 EE 并不总是随着主用户传输能够容忍的干扰门限值的增加而增加，而是存在一个最优 EE 值。

这些发现对认知无线电网络中 CSI 存在误差时，如何保障主用户的 QoS 和提升认知用户的系统性能等问题的研究具有一定的指导意义。

4.2　系统模型与问题建模

4.2.1　下垫式认知无线电网络模型

如图 4.1 所示，考虑一个下行认知无线电网络场景，该网络包含一个 CBS 和 S 个认知用户与 P 个主用户，共享 K 个信道。图 4.1中，PBS 指的是主用户基站（或主用户发送端）。认知用户采用 Underlay 模式与主用户共享频谱资源。也就是说，只要认知用户对主用户产生的干扰小于预先设定的门限值，认知用户就能够和主用户同时进行传输。假定一个信道只能被一个认知用户占用，一个认知用户可以同时在多个信道上进行传输。若用 K_s 表示认知用户 s 所

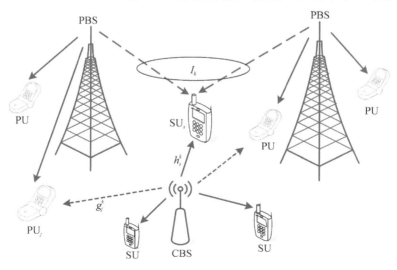

图 4.1　Underlay 认知无线电网络场景示意图

占用的信道数目，则有 $\sum_{s=1}^{S} K_s = K$。若用 h_s^k 表示 CBS 到认知用户 s 之间在第 k 个信道上的信道功率增益，则 $\boldsymbol{h}_s = [h_s^1, \cdots, h_s^{K_s}]^{\mathrm{T}}$ 表示 CBS 到认知用户 s 之间的信道增益向量。

用 $\boldsymbol{p} = [p_1, \cdots, p_k]^{\mathrm{T}}$ 来表示 CBS 在所有信道上的功率分配向量，其中，p_k 表示其在信道 k 上的发送功率。此时，在信道 k 上认知用户的接收 SINR 可以表示为

$$\gamma_k = \frac{p_k h_s^k}{I_k + BN_0} \tag{4-1}$$

式中：I_k 表示所有 PBS 在信道 k 上的合成干扰，B 和 N_0 分别表示每个授权信道的信道带宽和高斯白噪声的功率谱密度。

基于式（4-1），可以得出信道 k 上的数据速率为

$$R_k = B \, \mathrm{lb}(1 + \Gamma_k \gamma_k), \ k = 1, \cdots, K \tag{4-2}$$

式中：Γ_k 表示实际通信系统中编码和调制方案与理论 Shannon 信道容量之间的 SINR 差别。这个 SINR 差别依赖于该通信系统所选择的调制方式和认知用户在信道 k 上的误码率（BER, Bit Error Rate）需求 e_k。例如，当采用多层次正交幅度调制（M-QAM, Multiple-Quadrature Amplitude Modulation）方案时，有 $\Gamma_k = \frac{-2}{3\ln(5e_k)}$[111]。

显然，当设定 $\Gamma_k = 1$ 时，式（4-2）简化为信道 k 上的 Shannon 容量。随后，可以得出认知用户 s 的数据速率为

$$R_s = \sum_{l=1}^{K_s} B \, \mathrm{lb}(1 + \Gamma_l \gamma_l), \ s = 1, \cdots, S \tag{4-3}$$

另一方面，用 P_C 和 ζ 分别表示 CBS 的静态功率消耗和放大器系数，则 CBS 总的功率消耗 P_{tot} 可以表示为[78, 130]

$$P_{\mathrm{tot}} = P_C + \zeta \sum_{k=1}^{K} p_k \tag{4-4}$$

其中，$1/\zeta$ 也被人们称为 CBS 功率放大器的功率效率。

4.2.2　完美信道信息下能效最大化问题建模

当相关信道的 CSI 以及 PBS 对认知用户的合成干扰估计准确时，可以将 Underlay 认知无线电网络中认知用户的 EE 最大化问题建模为

$$
\begin{cases}
\mathbf{P0}：\max_{\boldsymbol{p}} f(\boldsymbol{p}) = \dfrac{\sum\limits_{s=1}^{S} R_s}{P_{\text{tot}}} = \dfrac{\sum\limits_{s=1}^{S} R_s}{P_C + \zeta \sum\limits_{k=1}^{K} p_k} \\[4mm]
s.t.\ \ \mathrm{C1}：\sum\limits_{k=1}^{K} p_k \leqslant P_{\max} \\[3mm]
\qquad \mathrm{C2}：\boldsymbol{p}^{\mathrm{T}} \cdot \boldsymbol{g}_j \leqslant \eta_j,\ j = 1, \cdots, P
\end{cases}
\tag{4-5}
$$

其中，$\boldsymbol{g}_j = [g_j^1, \cdots, g_j^K]^{\mathrm{T}}$，表示 CBS 到第 j 个 PU 在所有信道上的信道功率增益向量；g_j^k 表示在信道 k 上的信道功率增益；而 η_j 表示第 j 个主用户传输所能够容忍的干扰门限值。在问题 **P0** 中，约束 C1 表示 CBS 的最大发送功率限制，约束 C2 表示主用户传输的 QoS 对认知用户发送功率的限制。

备注 4.1　这里为了标记符号的简洁性，采用 $\boldsymbol{g}_j$ 表示 CBS 到第 j 个主用户之间在所有信道上的增益向量。实际系统中，第 j 个主用户不一定占用所有 K 个授权信道，此时，只需在 $\boldsymbol{g}_j$ 中将该主用户未使用的信道的对应元素设置为 $g_j^k = 0$ 即可。

4.2.3　信道参数不确定性建模

由于多种因素的影响，实际系统的 CSI 是非完美或者存在不确定性的。考虑到信道参数的不确定性，与文献[87]、[107]、[110]、[131]相同，采用基于信道功率增益的不确定模型。为了考虑非完美信道信息的影响，将 CBS 到第 j 个主用户的信道增益向量表示为

$$
\boldsymbol{g}_j = \hat{\boldsymbol{g}}_j + \Delta \boldsymbol{g}_j
\tag{4-6}
$$

式中：$\hat{\boldsymbol{g}}_j$ 表示 $\boldsymbol{g}_j$ 的估计值，$\Delta \boldsymbol{g}_j$ 为信道误差。为了获得 $\hat{\boldsymbol{g}}_j$，CBS 可以

与主用户进行合作并通过主用户接收节点的反馈信息[132]。另一方面，在主用户采用时分双工（TDD，Time Division Duplexing）的系统中，CBS 可以通过侦听主用户发送信号，进而估计信道增益，并通过上下行信道互易性来获知 $\hat{\boldsymbol{g}}_j$。为了建模 $\Delta\boldsymbol{g}_j$，并且考虑被同一个 PUj 所占用信道之间信道误差的依赖性，可以将 $\boldsymbol{g}_j$ 的误差区域 $\mathcal{G}_j$ 刻画为

$$\mathcal{G}_j = \left\{ \boldsymbol{g}_j \mid \|\boldsymbol{M}_j(\boldsymbol{g}_j - \hat{\boldsymbol{g}}_j)\| \leqslant \varepsilon_j \right\}, \quad j = 1, \cdots, P \quad (4-7)$$

式中：$\boldsymbol{M}_j \in \mathbf{R}^{K \times K}$，为可逆的权重矩阵；$\mathbf{R}$ 表示实数集合。$\| \cdot \|$ 表示广义范数，其可以包含现有的几种模型，如 L_1 范数和欧几里得范数[107, 131, 133]等。ε_j 为不确定区域 $\mathcal{G}_j$ 的误差界。根据文献[106]、[134]、[135]所述，量化引起的误差是有界的。在实际系统中，有几种方法可以确定 ε_j 的大小[136]：

（1）计算由信道产生器产生的信道增益和其估计值之差。

（2）根据信道误差的具体分布计算 ε_j，以一定概率使得所有可能的信道误差的范数小于给定值[106]。

值得指出的是：可以根据 $\mathcal{G}_j$ 的具体形状选择 $\boldsymbol{M}_j$，例如，当 $\boldsymbol{M}_j$ 为单位矩阵时，该区域是一个圆。在实际系统中，$\mathcal{G}_j$ 的大小依赖于信道估计或量化的准确性，而其形状取决于误差的来源，如高斯噪声、有限长的训练序列以及量化误差[106-107, 131]等。

类似地，建模 CBS 到认知用户 s 之间的信道增益为

$$\boldsymbol{h}_s = \hat{\boldsymbol{h}}_s + \Delta\boldsymbol{h}_s \quad (4-8)$$

式中：$\hat{\boldsymbol{h}}_s$ 是 $\boldsymbol{h}_s$ 的估计值，$\Delta\boldsymbol{h}_s$ 为信道误差。这里，CBS 可以通过认知用户的反馈来获知 $\hat{\boldsymbol{h}}_s$[132]。之后，可以将 $\boldsymbol{h}_s$ 误差区域建模为

$$\mathcal{H}_s = \left\{ \boldsymbol{h}_s \mid \|\boldsymbol{W}_s(\boldsymbol{h}_s - \hat{\boldsymbol{h}}_s)\| \leqslant \delta_s \right\}, \quad s = 1, \cdots, S \quad (4-9)$$

式中：$\boldsymbol{W}_s \in \mathbf{R}^{K_s \times K_s}$，其和 δ_s 分别表示可逆的权重矩阵和误差界。这里可以通过与式（4-7）类似的方法来获知 $\boldsymbol{W}_s$ 和 δ_s。进一步，考虑到 PBS 对认知用户的合成干扰 I_k 也可能出现误差，并将其建模为

$$I_k = \hat{I}_k + \Delta I_k \quad (4-10)$$

式中：$\hat{I}_k$ 和 ΔI_k 分别表示 I_k 的估计值和误差。这里可以通过能量检测的方法获知 $\hat{I}_k$[137]。随后，建模 I_k 的不确定区域：

$$\mathcal{I}_k = \left\{ I_k \mid \| z_k(I_k - \hat{I}_k) \| \leqslant \tau_k \right\}, \quad k = 1, \cdots, K \quad (4-11)$$

式中：z_k 和 τ_k 分别表示权重因子和不确定区域 $\mathcal{I}_k$ 的误差界。可以通过测量 PU 的数据发送获知 $\hat{I}_k$[138]，之后通过信道仿真器和已知的主用户发送功率来模拟 I_k，从而将 $\hat{I}_k$ 与 I_k 的最大差值作为 τ_k。另一方面，也可以根据 I_k 的具体分布，以一定概率保证所有可能的 I_k 误差的范数小于给定值，从而计算 τ_k。在具体实现时，可以将不同场景下的 τ_k 值存储在一个查找表中，从而便于查询和使用。当获知 I_k 更加具体的信息后，z_k 可以用来调整区域 $\mathcal{I}_k$ 的大小；否则，仅设定 $z_k = 1$。

4.2.4　鲁棒的能效最大化问题建模

考虑所有参数的不确定性，依据最差情况优化的原则，将 Underlay 认知无线电网络中认知用户的鲁棒性 EE 最大化问题建模为

$$\begin{cases} \mathbf{P1}: \max_{\boldsymbol{p}} \min_{\boldsymbol{h}_s, I_k} f(\boldsymbol{p}, \boldsymbol{h}_s, I_k) = \dfrac{\displaystyle\sum_{s=1}^{S}\sum_{k=1}^{K_s} B\, \mathrm{lb}\left(1 + \dfrac{\Gamma_k p_k h_s^k}{BN_0 + I_k}\right)}{P_C + \zeta \displaystyle\sum_{k=1}^{K} p_k} \\[4mm] s.t.\ \mathrm{C1}: \displaystyle\sum_{k=1}^{K} p_k \leqslant P_{\max} \\[2mm] \qquad \mathrm{C2}: \boldsymbol{p}^{\mathrm{T}} \cdot \boldsymbol{g}_j \leqslant \eta_j,\ \forall \boldsymbol{g}_j \in \mathcal{G}_j,\ j = 1, \cdots, P \\[1mm] \qquad \mathrm{C3}: \boldsymbol{h}_s \in \mathcal{H}_s,\ s = 1, \cdots, S \\[1mm] \qquad \mathrm{C4}: I_k \in \mathcal{I}_k,\ k = 1, \cdots, K \end{cases} \quad (4-12)$$

该问题中，约束 C1 表示 CBS 的最大发送功率限制，约束 C2 表示在考虑 $\boldsymbol{g}_j$ 不确定性时，主用户传输的 QoS 需求对认知用户传输的限制。约束 C3 和 C4 分别刻画了参数 $\boldsymbol{h}_s$ 和 I_k 的不确定性。

可以看出：如果信道参数 $\boldsymbol{g}_j$、$\boldsymbol{h}_s$ 和 I_k 都是准确的，则问题 **P1** 可

以简化为问题 **P0**。由于 C2 是无限约束，导致问题 **P1** 属于半定无限规划问题，从而难以求解。此外，虽然问题 **P1** 呈现出 max-min 的形式，但是不同于传统 concave-convex 特性下的 max-min 问题。这是因为问题 **P1** 的目标函数 $f(\boldsymbol{p}, \boldsymbol{h}_s, I_k)$ 是关于 $\boldsymbol{p}$ 的拟凹函数，关于 $\boldsymbol{h}_s$ 的凹函数。更重要的是：问题 **P1** 的内部最小化问题属于凹函数最小化问题，此类问题一般是 NP 难的。因此可知，问题 **P1** 是一个 NP 难问题，对其求解十分具有挑战性。

4.3　鲁棒性能效最大化算法

本节首先将问题 **P1** 中的无限约束 C2 转化为其等效的凸约束，之后得出该问题中 I_k 不确定性的闭式解，从而将问题 **P1** 转化为具有凸约束的优化问题 **P2**。然后，在每个认知用户占用一个信道的特殊情况下，能够得到问题 **P2** 的最优解；在一般情况下，提出了一种基于交替迭代的功率分配算法来求解问题 **P2**。最后，分析了相关算法的计算复杂度。

4.3.1　原优化问题的等价转换

在问题 **P1** 中，C2 属于无限约束，以其目前的形式很难求解。此外，I_k 是由 PBS 引起的干扰，不受 CBS 的具体发送功率分配的影响。因此，首先将无限约束 C2 转换为其等效的凸约束，接着得出最差情况下 I_k 的闭式解，以便于后续对问题 **P1** 的求解。

1. 无限约束 C2 的等效凸约束

为了使得问题 **P1** 中无限约束 C2 对于所有 $\forall \boldsymbol{g}_j \in \mathcal{G}_j$ 都能够成立，可以将其等效为 $\max\limits_{\boldsymbol{g}_j \in \mathcal{G}_j} \boldsymbol{p}^{\mathrm{T}} \cdot \boldsymbol{g}_j \leqslant \eta_j$。因此，可得如下结论：

$$\max_{\boldsymbol{g}_j \in \mathcal{G}_j} \boldsymbol{p}^{\mathrm{T}} \cdot \boldsymbol{g}_j = \boldsymbol{p}^{\mathrm{T}} \cdot \hat{\boldsymbol{g}}_j + \varepsilon_j \max_{\boldsymbol{g}_j \mid \| \boldsymbol{M}_j(\boldsymbol{g}_j - \hat{\boldsymbol{g}}_j)/\varepsilon_j \| \leqslant 1} \boldsymbol{p}^{\mathrm{T}} \cdot \left(\boldsymbol{M}_j^{-1} \boldsymbol{M}_j \frac{(\boldsymbol{g}_j - \hat{\boldsymbol{g}}_j)}{\varepsilon_j} \right)$$

$$= \boldsymbol{p}^{\mathrm{T}} \cdot \hat{\boldsymbol{g}}_j + \varepsilon_j \parallel \boldsymbol{M}_j^{-1} \cdot \boldsymbol{p} \parallel^* \qquad (4-13)$$

式中：$\|\cdot\|^*$ 表示广义范数 $\|\cdot\|$ 的对偶范数[133]。例如，对一个 $p \geqslant 1$ 阶的 L_p 范数 $\|\boldsymbol{x}\|_p = \left(\sum\limits_{i=1}^{K} |x_i|^p\right)^{1/p}$，其对偶范数为 q 阶的 L_q 范数。值得注意的是，广泛使用的欧几里得范数[92, 139-142] 是 L_p 范数当 $p = 2$ 时的一个特例，其对偶范数仍然是 L_2 范数。基于式（4-13），可以将无限约束 C2 转换为如下等效形式：

$$\text{C2}': \boldsymbol{p}^{\mathrm{T}} \cdot \hat{\boldsymbol{g}}_j + \varepsilon_j \| \boldsymbol{M}_j^{-1} \cdot \boldsymbol{p} \|^* \leqslant \eta_j \qquad (4-14)$$

由于广义范数的对偶范数依旧是一个凸函数，因此，约束 C2′ 是一个凸约束。

2. I_k 不确定性的闭式解

为了处理合成干扰 I_k 的不确定性，注意到 I_k 只是出现在问题 **P1** 的内部最小化问题中，因此可以得出最差情况的 I_k 为

$$I_k^* = \arg \min_{I_k \in \mathcal{I}_k} \sum_{s=1}^{S} \sum_{k=1}^{K_s} B\,\mathrm{lb}\Big(1 + \frac{\Gamma_k p_k h_s^k}{BN_0 + I_k}\Big) = \arg \min_{I_k \in \mathcal{I}_k} \frac{\Gamma_k p_k h_s^k}{BN_0 + I_k}$$

$$= \arg \max_{I_k \in \{\, I_k \,|\, \| z_k(I_k - \hat{I}_k) \| \leqslant \tau_k \,\}} I_k = \hat{I}_k + \frac{\tau_k}{z_k} \qquad (4-15)$$

式中，第二个等号成立的原因是：问题 **P1** 的目标函数 $f(\boldsymbol{p}, \boldsymbol{h}_s, I_k)$ 是关于 I_k 的单调函数，同时，I_k 的不确定性在不同信道上相互独立。根据式（4-15）可知，最差情况的合成干扰 I_k^* 与 $\boldsymbol{p}$ 和 $\boldsymbol{h}_s$ 之间相互独立。

在处理了 $\boldsymbol{g}_j$ 和 I_k 的不确定性之后，将式（4-14）和式（4-15）带入式（4-12）的问题 **P1** 中，从而获得问题 **P1** 转换后的等价优化问题：

$$\begin{cases} \textbf{P2}: \max_{\boldsymbol{p}} \min_{\boldsymbol{h}_s} f(\boldsymbol{p}, \boldsymbol{h}_s) = \dfrac{\displaystyle\sum_{s=1}^{S} \sum_{k=1}^{K_s} B\,\mathrm{lb}\left[1 + \dfrac{z_k \Gamma_k p_k h_s^k}{z_k BN_0 + z_k \hat{I}_k + \tau_k}\right]}{P_C + \zeta \displaystyle\sum_{k=1}^{K} p_k} \\[2ex] s.t.\ \text{C1, C2}', \text{C3} \end{cases} \qquad (4-16)$$

根据上式，可以看出问题 **P2** 是关于优化变量 $\boldsymbol{p}$ 和 $\boldsymbol{h}_s$ 的 max-min

问题。此时，该优化问题的所有约束均是凸约束。然而，此问题的求解依旧具有挑战性。如前所述，其目标函数 $f(\boldsymbol{p}, \boldsymbol{h}_s)$ 不但是 $\boldsymbol{p}$ 的拟凹函数，而且是关于 $\boldsymbol{h}_s$ 的凹函数。此外，该问题的内部最小化问题在一般情况下依旧属于 NP 难的。

4.3.2　求解等价问题

这里分两种情况来求解转化之后的问题 **P2**：① $K_s = 1$ 的特殊情况，即每个认知用户采用一个信道进行传输时，首先求出最差信道增益 $\boldsymbol{h}_s$ 的闭式解，进而有效地求解问题 **P2** 的内部最小化问题，随后采用分式规划理论求解整个问题 **P2** 的最优值；② $K_s \geqslant 1$ 的一般情况，结合分式规划理论和全局优化理论，提出一种基于交替迭代的功率分配算法来求解此问题。

1. $K_s = 1$ 的特殊情况

在此情况下，每个认知用户占用一个信道进行数据传输，即此时系统中有 $S = K$ 个认知用户。不失一般性，这里假设认知用户 s 使用第 s 个信道接收数据。此时，可以将该问题的内部最小化问题转化为

$$\mathbf{P3}: \min_{\boldsymbol{h}_s} \frac{\sum\limits_{k=1}^{K} B \operatorname{lb}\left(1 + \dfrac{z_k \Gamma_k p_k h_s^k}{z_k B N_0 + z_k \hat{I}_k + \tau_k}\right)}{P_C + \zeta \sum\limits_{k=1}^{K} p_k} \tag{4-17}$$

$$\text{s. t. C3}: \boldsymbol{h}_s \in \mathcal{H}_s, \; s = 1, \cdots, S$$

根据上式，可以看出该问题中约束 C3 仅仅只是针对每一个认知用户的。因此，可以将问题 **P3** 分解为多个子问题，每个子问题对应一个认知用户。此时，认知用户 s 的子问题可以表示为

$$\mathbf{P4}: \min_{\boldsymbol{h}_s} \frac{B \operatorname{lb}\left(1 + \dfrac{z_s \Gamma_s p_s h_s}{z_s B N_0 + z_s \hat{I}_s + \tau_s}\right)}{P_C + \zeta \sum\limits_{k=1}^{K} p_k} \tag{4-18}$$

$$\text{s. t. C3}: \boldsymbol{h}_s \in \mathcal{H}_s$$

值得注意的是，当 $K_s = 1$ 时，h_s 的不确定区域可以定义为

$$\mathcal{H}_s = \{h_s \mid \| w_s(h_s - \hat{h}_s) \| \leqslant \delta_s\}, \ s = 1, \cdots, S \quad (4-19)$$

根据上式，可以采用类似求解最差合成干扰 I_k 的方法来求解问题 **P4**。因此可得问题 **P4** 的最优解 h_s^* 为

$$
\begin{aligned}
h_s^* &= \arg \min_{h_s \in \mathcal{H}_s} B \ \mathrm{lb} \left[1 + \frac{z_s \Gamma_s p_s h_s}{z_s B N_0 + z_s \hat{I}_s + \tau_s} \right] \\
&= \arg \min_{h_s \in \mathcal{H}_s} \frac{z_s \Gamma_s p_s h_s}{z_s B N_0 + z_s \hat{I}_s + \tau_s} \\
&= \arg \min_{h_s \in \{h_s \mid \| w_s(h_s - \hat{h}_s) \| \leqslant \delta_s\}} h_s \\
&= \hat{h}_s - \frac{\delta_s}{w_s}, \ s = 1, \cdots, S
\end{aligned}
\quad (4-20)
$$

式中第三个等式成立的原因是：问题 **P4** 的目标函数是关于变量 h_s 的单调增函数。可以看出：此情况下，最优解 h_s^* 是独立于 CBS 发送功率分配向量 $\boldsymbol{p}$ 的。因此，将式(4-20)带入问题 **P2**，可以将问题 **P2** 转换为如下优化问题：

$$
\begin{cases}
\textbf{P5}: \max_{\boldsymbol{p}} \ \dfrac{\sum\limits_{k=1}^{K} B \ \mathrm{lb} \left[1 + \dfrac{z_k \Gamma_k p_k (w_k \hat{h}_k - \delta_k)}{w_k (z_k B N_0 + z_k \hat{I}_k + \tau_k)} \right]}{P_C + \zeta \sum\limits_{k=1}^{K} p_k} = \dfrac{U_R(\boldsymbol{p})}{U_P(\boldsymbol{p})} \\[6pt]
s.t. \ \text{C1}, \text{C2}'
\end{cases}
$$

$$(4-21)$$

为了方便后续分析，将问题 **P5** 目标函数的分子分母分别表示为 $U_R(\boldsymbol{p})$ 和 $U_P(\boldsymbol{p})$。显然，二者都是关于优化变量 $\boldsymbol{p}$ 的函数。由于约束 C1 和 C2$'$ 均是凸约束且问题 **P5** 目标函数呈现出分式形式，因此，可以采用分式规划理论来求解该问题。关于问题 **P5** 的最优解和最优值有如下定理[126]。

定理 4.1　当且仅当对于任意 $\boldsymbol{p}'$ 使得 $U_R(\boldsymbol{p}') \geqslant 0$ 和 $U_P(\boldsymbol{p}') > 0$ 时，有 $\max\limits_{\boldsymbol{p}'} U_R(\boldsymbol{p}') - q^* U_P(\boldsymbol{p}') = U_R(\boldsymbol{p}^*) - q^* U_P(\boldsymbol{p}^*) = 0$ 成立，则

问题 **P5** 取到其最优的 EE 值，且该最优值为 q^*。

证明　关于问题 **P5** 目标函数，其分子 $U_R(\boldsymbol{p})$ 是关于 $\boldsymbol{p}$ 的凹函数，而其分母 $U_P(\boldsymbol{p})$ 是关于 $\boldsymbol{p}$ 的仿射函数。后续证明过程请参考文献[126]和[130]。

根据上述结果，可以采用一种迭代功率分配算法来求解问题 **P5** 的最优解 $\boldsymbol{p}^*$ 和最优 EE 值 q^* [126,130]。该算法是求解此类分式规划问题的一种有效算法。进一步可以证明，该算法的收敛性是超线性的[143]。下面给出该迭代功率分配算法(见算法 4.1)。

算法 4.1　迭代功率分配算法(AIA，Alternating Iterative Algorithm)

1：输入：最大迭代次数 $L_{\max}^1$ 和误差容忍门限 $\kappa_1 > 0$；

2：初始化能效 $q = 0$ 和迭代索引 $n = 0$；

3：**当收敛标识==0 且 $n \leqslant L_{\max}^1$ 时，循环执行：**

4：　　对于给定 q，求解式(4-22)中的凸优化问题 **P5$'$**，获得发送功率分配策略 $\boldsymbol{p}'$；

5：　　**如果 $U_R(\boldsymbol{p}') - qU_P(\boldsymbol{p}') < \kappa_1$，执行：**

6：　　　收敛标识 = 1；

7：　　　返回最优发送功率分配策略 $\boldsymbol{p}^* = \boldsymbol{p}'$ 和最大能量效率 $q^* = \dfrac{U_R(\boldsymbol{p}')}{U_P(\boldsymbol{p}')}$；

8：　　**否则，执行：**

9：　　　设置 $q = \dfrac{U_R(\boldsymbol{p}')}{U_P(\boldsymbol{p}')}$ 且 $n = n+1$；

10：　　　收敛标识 = 0。

11：　**如果结束**

12：**循环结束**

13：输出：返回 $\boldsymbol{p}^* = \boldsymbol{p}'$ 和 $q^* = \dfrac{U_R(\boldsymbol{p}')}{U_P(\boldsymbol{p}')}$。

在算法 4.1 中，优化问题 **P5$'$** 定义为

$$\begin{cases} \textbf{P5}' : \max_{\boldsymbol{p}'} U_R(\boldsymbol{p}') - qU_P(\boldsymbol{p}') \\ s.t. \ \text{C1, C2}' \end{cases} \qquad (4-22)$$

由于上述问题 **P5′** 的目标函数 $U_R(\boldsymbol{p}') - qU_P(\boldsymbol{p}')$ 是一个凹函数与仿射函数之和，其仍然属于凹函数，因此，问题 **P5′** 是一个凸优化问题。该问题可以采用已有的软件进行高效求解，如 CVX 软件[144]。

这里需要指出的是：完美信道信息下认知用户的 EE 最大化问题 **P0** 也可以采用算法 4.1 求解其最优 EE 值和最优功率分配策略。

备注 4.2：第二种特殊情况——不相关的 $\boldsymbol{h}_s$ 不确定性。上述所提出针对 $K_s = 1$ 情况的方案可以扩展到第二种特殊情况：每个认知用户可以在多个信道上进行传输，只要 $\boldsymbol{h}_s$ 的不确定性在其所占用的 K_s 个信道上不相关或相互独立。此时，$\boldsymbol{h}_s$ 的每个元素 h_s^k 的不确定性区域定义为

$$\mathcal{H}_s^k = \{h_s^k \mid \| w_s^k (h_s^k - \hat{h}_s^k) \| \leqslant \delta_s^k\}, \; k = 1, \cdots, K_s, \; s = 1, \cdots, S$$

类似地，可以采用式（4-20）中的方法，求解出最差情况 h_s^k 的闭式解，从而解决了问题 **P2** 的内部最小化问题，继而采用算法 4.1 求解整个问题 **P2**。因此，当 $\boldsymbol{h}_s$ 的不确定性在各个信道上不相关时，能够采用算法 4.1 来有效地求解问题 **P2** 的最优解和最优值。

2. $K_s \geqslant 1$ 的一般情况

在每个认知用户可以占用 $K_s \geqslant 1$ 个信道的一般场景下，来求解问题 **P2**。可以看出，在 $K_s \geqslant 1$ 的一般情况下问题 **P2** 与其在 $K_s = 1$ 时截然不同。这是因为在一般情况下，问题 **P2** 中优化变量 $\boldsymbol{p}$ 和 $\boldsymbol{h}_s$ 相互耦合，增加了求解该问题的难度。为了求解问题 **P2**，提出了一种基于交替迭代的功率分配算法（AIA，Alternating Iterative Algorithm）。在该算法中，首先在给定一个可行的 $\boldsymbol{h}_s$ 条件下，求解问题 **P2** 中关于变量 $\boldsymbol{p}$ 的外部最大化问题；随后，将获得的外部最大化问题的最优功率策略 $\boldsymbol{p}$ 带入问题 **P2** 中，求解此时最优的信道增益 $\boldsymbol{h}_s$，该问题被称为内部最小化问题；最后，交替地求解外部最大化问题和内部最小化问题，直到算法的终止准则被满足。与文献[145]类似，该算法的终止准则是满足下述条件之一：① 最优 EE 值在相邻两次外部最大化问

题中的差别小于预先给定误差容忍门限；② 当前迭代次数达到给定的最大迭代值。可以看出，该 AIA 算法的总迭代次数受限于最大允许迭代次数。此外，可以将 $\boldsymbol{h}_s = \hat{\boldsymbol{h}}_s$ 作为 AIA 算法中求解外部最大化问题时的一个可行 $\boldsymbol{h}_s$。下面分别介绍求解外部最大化和内部最小化问题的方法。

1）问题 **P2** 外部最大化问题求解

当给定一个可行的 $\boldsymbol{h}_s$ 时，问题 **P2** 可以转化为一个新的优化问题：

$$
\begin{cases}
\mathbf{P6}: \max_{\boldsymbol{p}} f(\boldsymbol{p}) = \dfrac{\displaystyle\sum_{s=1}^{S} \sum_{k=1}^{K_s} B \, \mathrm{lb}\left[1 + \dfrac{z_k \Gamma_k p_k h_s^k}{z_k B N_0 + z_k \hat{I}_k + \tau_k}\right]}{P_C + \zeta \displaystyle\sum_{k=1}^{K} p_k} = \dfrac{U_R(\boldsymbol{p})}{U_P(\boldsymbol{p})} \\[4ex]
s.t. \ \mathrm{C1}, \mathrm{C2}'
\end{cases}
\tag{4-23}
$$

可以看出，问题 **P6** 是问题 **P5** 在 $K_s \geqslant 1$ 时的推广。而且，问题 **P6** 仍然是一个分式规划问题，故可以采用算法 4.1 进行高效求解。

2）问题 **P2** 内部最小化问题求解

当给定一个可行的功率分配向量 $\boldsymbol{p}$ 或从求解外部最大化问题得到的最优 $\boldsymbol{p}$ 时，问题 **P2** 内部最小化问题可以表示为

$$
\begin{cases}
\mathbf{P7}: \min_{\boldsymbol{h}_s} \alpha \displaystyle\sum_{s=1}^{S} \sum_{k=1}^{K_s} \mathrm{lb}(1 + \beta_s^k h_s^k) \\[2ex]
s.t. \ \mathrm{C3}: \boldsymbol{h}_s \in \mathcal{H}_s, \ s = 1, \cdots, S
\end{cases}
\tag{4-24}
$$

其中：

$$
\alpha = \frac{B}{P_C + \zeta \displaystyle\sum_{k=1}^{K} p_k} > 0
$$

表示一个与功率和带宽相关的常数，而

$$
\beta_s^k = \frac{z_k \Gamma_k p_k}{z_k B N_0 + z_k \hat{I}_k + \tau_k} > 0
$$

为认知用户 s 在信道 k 上的常数。可以看出，问题 **P7** 对每个认知用户 s 来讲，都可以独立来求解。因此，可以将其分解为 S 个子问题，每个子问题对应一个认知用户。此时，认知用户 s 对应的子问题如下：

$$\begin{cases} \textbf{P8：} \min_{\boldsymbol{h}_s} \alpha \sum_{k=1}^{K_s} \text{lb}(1 + \beta_s^k h_s^k) \\ s.t.\ \text{C1：} \boldsymbol{h}_s \in \mathcal{H}_s \end{cases} \tag{4-25}$$

　　类似地，问题 **P7** 和 **P8** 分别是问题 **P3** 和 **P4** 在 $K_s \geqslant 1$ 情况下的扩展。问题 **P8** 的目标函数为凹函数，而且其约束 C1 是一个凸约束。然而，问题 **P8** 难以求解的主要原因在于要在一个凸集上最小化一个凹函数。此类问题通常被称为凹函数最小化问题，一般来说是一类 NP 难的问题[146]。为了求解该问题，选择采用一种基于分支定界和外部近似的算法（BBOA，Branch and Bound Outer Approximation）。该算法每一次迭代的复杂度比较低，同时能够保证收敛到全局最优解。这里介绍采用 BBOA 算法求解问题 **P8** 的具体流程。为了方便表述，可以对问题 **P8** 进行变量替换，将其改写为

$$\begin{cases} \textbf{P8}'\text{：} \min_{\boldsymbol{x}} f(\boldsymbol{x}) = \alpha \sum_{k=1}^{n} \text{lb}(1 + \beta_k x_k) \\ s.t.\ \text{C1：} \boldsymbol{x} \in \mathcal{D} = \{\boldsymbol{x} \in \mathbf{R}^n \,|\, h(\boldsymbol{x}) \leqslant 0\} \end{cases} \tag{4-26}$$

其中，$h(\boldsymbol{x}) = \|\boldsymbol{W}_s(\boldsymbol{x} - \hat{\boldsymbol{h}}_s)\| - \delta$。随后，给出采用 BBOA 算法处理问题 **P8** 的流程[147]，见算法 4.2。

算法 4.2：分支定界外部近似算法——BBOA 算法

1：　**步骤 0**　设定误差容忍门限 $\kappa_2 \geqslant 0$ 和最大迭代次数 $L_{\max}^2$。找到一个点 $\boldsymbol{b}$，使得 $h(\boldsymbol{b}) < 0$。设定 UB $= f(\boldsymbol{b})$ 且 $\boldsymbol{x}_c = \boldsymbol{b}$。找一个紧的多面体 X_0，使得 $X_0 \supseteq D$ 成立，和一个 n 维单纯形 S_{01}，使得 $S_{01} \supseteq X_0$，这里单纯形 S_{01} 通过它的顶点 $\boldsymbol{v}_0^0, \boldsymbol{v}_1^0, \cdots, \boldsymbol{v}_n^0 \in \mathbf{R}^n$ 来定义。

2：　通过求解式(4-27)中的线性方程组（这里 $\boldsymbol{v}_i = \boldsymbol{v}_i^0$，$i = 0, 1, \cdots, n$），构造 f 在单纯形 S_{01} 上的凸包络 $g_{01}: S_{01} \rightarrow \mathbf{R}$，进而可得 $g_{01}(\boldsymbol{x}) = \langle \boldsymbol{\mu}, \boldsymbol{x} \rangle + \lambda$。

3：　求解式(4-28)中的线性规划 $\mathbf{P}_{01}$，得到其最优解 $\boldsymbol{x}_{01}$。

4：　设定 $\mathrm{LB} = g_{01}(\boldsymbol{x}_{01})$，$g_0^* = g_{01}$ 和 $\boldsymbol{x}_0 = \boldsymbol{x}_{01}$。设定 $k = 1$，同时跳转至**步骤 1**。

5：　**步骤 k**　$k \geqslant 1$　假定 $\boldsymbol{x}_{k-1} \in S_{k-1,k}$ 且 $\boldsymbol{v}_i^{k-1}$，$i = 0, 1, \cdots, n$ 为单纯形 $S_{k-1,k}$ 的顶点。

6：　**如果** $\boldsymbol{x}_{k-1} \in \mathcal{D}$ 且 $f(\boldsymbol{x}_{k-1}) < \mathrm{UB}$，那么设定 $\mathrm{UB} = f(\boldsymbol{x}_{k-1})$ 且 $\boldsymbol{x}_c = \boldsymbol{x}_{k-1}$。

7：　**如果** $\mathrm{UB} - \mathrm{LB} \leqslant \kappa_2$，那么声明 $\boldsymbol{x}_c$ 是问题 **P8′** 的一个 ε -最优解，这里 $\varepsilon = \kappa_2$，并终止算法运行。

8：　**如果** $\boldsymbol{x}_{k-1} \notin \mathcal{D}$，

9：　　在线段 $[\boldsymbol{b}, \boldsymbol{x}_{k-1}]$ 上找到一个点 $\boldsymbol{z}_{k-1} \in \mathcal{D}$，使得 $g(\boldsymbol{z}_{k-1}) = 0$ 成立。

10：　　**如果** $f(\boldsymbol{z}_{k-1}) < \mathrm{UB}$，**执行**：

11：　　　设定 $\mathrm{UB} = f(\boldsymbol{z}_{k-1})$ 且 $\boldsymbol{x}_c = \boldsymbol{z}_{k-1}$。

12：　　　**如果** $\mathrm{UB} - \mathrm{LB} \leqslant \kappa_2$，**那么**声明 $\boldsymbol{x}_c$ 是问题 **P8′** 的一个 ε -最优解，这里 $\varepsilon = \kappa_2$，并终止算法运行。

13：　**如果结束。**

14：　设定 $X_k = X_{k-1} \bigcap \{\boldsymbol{x} \in \mathbf{R}^n \,|\, \langle \boldsymbol{t}_{k-1}, \boldsymbol{x} - \boldsymbol{z}_{k-1} \rangle \leqslant 0\}$，这里 $\boldsymbol{t}_{k-1}$ 是 $h(\boldsymbol{x})$ 在点 $\boldsymbol{z}_{k-1}$ 的一个次梯度。

15：　**否则：**

16：　　设定 $X_k = X_{k-1}$。

17：　**如果结束。**

18：　通过二分法，形成对单纯形 $S_{k-1,k}$ 的一个划分 $\{S_{k,1}, S_{k,2}\}$，这里单纯形 $S_{k,1}$ 和 $S_{k,2}$ 均是 n 维单纯形。

19：　对应每个 $j = 1, 2$，通过求解式(4-27)中的线性方程组，获得 f 在单纯形 S_{kj} 上的凸包络 $g_{kj}: S_{kj} \rightarrow \mathbf{R}$。

20：　对于每个 $j = 1, 2$，求解式(4-29)中的线性规划问题 $\mathbf{P}_{kj}$ 的一个最优解 $\boldsymbol{x}_{kj}$。

21：　**如果** $k \neq 1$，**执行：**

22：　对于每个 $j = 1, 2, \cdots, k-1$，将单纯形 $S_{k-1, j}$ 和凸包络 $g_{k-1, j}$ 分别
　　　重命名为单纯形 $S_{k, j+2}$ 和凸包络 $g_{k, j+2}$。

23：　对每个 $j = 3, 4, \cdots, k+1$，使得 $S_{kj} \notin \mathcal{F}$ 成立，求解式(4-29)中的
　　　线性规划问题 $\mathbf{P}_{kj}$ 的一个最优解 $\boldsymbol{x}_{kj}$。

24：　**如果结束。**

25：　对于每个 $j = 1, 2, \cdots, k+1$，使得 $S_{kj} \notin \mathcal{F}$ 成立，如果 $g_{kj}(\boldsymbol{x}_{kj}) > \mathrm{UB}$，
　　　那么将单纯形 S_{kj} 添加到 $\mathcal{F}$ 中。

26：　计算 $\mathrm{LB} = \min\{g_{kj}(\boldsymbol{x}_{kj}) \,|\, j \in \{1, 2, \cdots, k+1\}, S_{kj} \notin \mathcal{F}\}$。设定
　　　$\boldsymbol{x}_k = \boldsymbol{x}_{kj}^*$ 且 $g_k^* = g_{kj}^*$，这里 $\mathrm{LB} = g_{kj}^*(\boldsymbol{x}_{kj}^*)$。设定 $k = k+1$，并跳转至
　　　步骤 k。

注：UB—Upper Bound，上界；LB—Lower Bound，下界。

在该 BBOA 算法流程中，为了求解函数 f 在单纯形 S_{kj} 上的凸包络 g_{kj}，需要求解由 $n+1$ 方程构成的线性方程组，具体如下：

$$\langle \boldsymbol{\mu}, \boldsymbol{v}_i \rangle + \lambda = f(\boldsymbol{v}_i), \quad i = 0, 1, \cdots, n \tag{4-27}$$

其中，$\boldsymbol{\mu} \in \mathbf{R}^n, \lambda \in \mathbf{R}$，表示需要求解的未知数；算符 $\langle \cdot, \cdot \rangle$ 表示两个向量的点积或内积；用 $\boldsymbol{v}_i, i = 0, 1, \cdots, n$ 表示单纯形 S_{kj} 的 $n+1$ 个顶点。函数 f 的凸包络 g_{kj} 可以表示为 $g_{kj}(\boldsymbol{x}) = \langle \boldsymbol{\mu}, \boldsymbol{x} \rangle + \lambda$。

此外，给出在 BBOA 算法中用到的线性规划问题(LP，Linear Programming)的定义：

$$\begin{cases} \mathbf{P}_{01}: \min_{\boldsymbol{x}} g_{01}(\boldsymbol{x}) \\ s.t. \ \boldsymbol{x} \in X_0 \end{cases} \tag{4-28}$$

$$\begin{cases} \mathbf{P}_{kj}: \min_{\boldsymbol{x}} g_{kj}(\boldsymbol{x}) \\ s.t. \ \boldsymbol{x} \in X_k \bigcap S_{kj} \end{cases} \tag{4-29}$$

值得注意的是：在 BBOA 算法中，集合 $\mathcal{F}$ 包含所有被舍弃的子单纯形。该算法中，UB 和 LB 分别表示问题 $\mathbf{P8}'$ 最优值的上界(Upper Bound)和下界(Lower Bound)。关于 BBOA 算法的收敛特性，有如下定理。

定理 4.2　$\bar{x}$ 表示由 BBOA 算法产生的序列 $\{x_k\}$ 的任意一个极限点，则有 $\bar{x} \in \mathcal{D}$ 且 $\lim\limits_{k \to \infty} g_k^*(x_k) = f(\bar{x}) = \min\{f(x) \mid x \in \mathcal{D}\}$ 成立。

证明　问题 **P8′** 目标函数 $f(x)$ 是关于 x 的凹函数，其约束集合 $\mathcal{D}$ 是一个凸集。后续证明过程请参考文献[147]。

考虑到算法运行的实际因素和约束，可以引入 $L_{\max}^2$ 来限制 BBOA 算法的最大迭代次数。此外，可以选择 $b = \hat{h}_s$ 作为 BBOA 算法的一个可行的初始化。此外，关于如何找到多面体 X_0，可以先找到变量 x 的上下界，则多面体 X_0 是由 x 的这些上下界所定义的超矩形。一旦确定了 X_0，就可以在约束 $x \in X_0$ 下通过求解 $\varphi = \max\langle e, x \rangle$ 问题，从而得出 n 维单纯形 S_{01}，使得 $S_{01} \supseteq X_0$ 成立[148]。这里，e 表示一个所有元素全是 1 的 n 维向量。之后，可以通过 $\{v_0 = 0, v_i = \varphi e_i, i = 1, 2, \cdots, n\}$ 来构造 S_{01} 的各个顶点，其中 $e_i \in \mathbf{R}^n$ 表示第 i 个元素为 1 而其他元素均为 0 的 n 维向量。

3）特殊情况下一种求解问题 **P8** 的有效算法

当 $K_s = 2$，即每个认知用户占用两个信道进行传输时，提出一种有效的算法来求解问题 **P8**。对于问题 **P8** 的最优解，有以下定理。

定理 4.3　问题 **P8** 的最优解出现在由其约束 C1 定义的不确定区域 $\mathcal{H}_s$ 的边界 $\partial \mathcal{H}_s$ 上。换言之，当问题 **P8** 取到其最优值时，其约束 C1 取得等号。

证明　该结论成立的原因是问题 **P8** 的目标函数是关于 h_s^k 的单调增函数。假设最优解中 h_s^k 位于 $\mathcal{H}_s$ 内部，此时，总存在一个 h_s^k 的可行方向，使得问题 **P8** 的目标函数减小直至到达该区域，即 $\mathcal{H}_s$ 的边界 $\partial \mathcal{H}_s$ 上。

该结论针对 $K_s \geqslant 1$ 的情况均成立。此外，该结论并没有要求约束 C1 定义的是一个凸集。更进一步，有如下定理。

定理 4.4　当将不确定区域 $\mathcal{H}_s$ 的中心作为坐标原点时，只要不确定区域 $\mathcal{H}_s$ 满足对称特性 S1，则问题 **P8** 的最优解出现在不确定区

域 $\mathcal{H}_s$ 的边界 $\partial\mathcal{H}_s$ 位于第三象限的部分。

注：一个区域 $\mathcal{Q}$ 满足对称特性 S1 指的是，当将 $\mathcal{Q}$ 的中心作为坐标原点时，该区域的边界 $\partial\mathcal{Q}$ 同时满足 x 轴对称和 y 轴对称。

证明　由于对称特性 S1 以及问题 **P8** 的目标函数是关于 h_s^k 的单调增函数，容易证明上述结论成立。

上述结论只是要求不确定区域满足对称特性 S1。也就是说，该结论不限于 $\mathbf{R}^2$。当空间维数 $n > 2$ 时，只需将上述对称特性 S1 推广到 $\mathbf{R}^n$ 中即可。此外，区域 $\mathcal{H}_s$ 不一定是凸集，例如，当在问题 **P8** 的约束 C1 中采用 $L_{0.5}$ 范数时，区域 $\mathcal{H}_s$ 依旧满足对称特性 S1。这里，在问题 **P8** 的约束 C1 中，如果权重矩阵 $\boldsymbol{W}_s$ 是对角阵或反对角阵，则区域 $\mathcal{H}_s$ 满足对称特性 S1。

另一方面，当每个认知用户占用两个信道，即 $\boldsymbol{h}_s \in \mathbf{R}^2$ 时，根据定理 4.3 和定理 4.4，可以发现问题 **P8** 的最优解有以下特性：当固定 $\boldsymbol{h}_s$ 中一个元素时，可以求解另一个元素。这是因为此时问题 **P8** 的约束 C1 取等号，且对应的最优解出现在区域 $\mathcal{H}_s$ 的第三象限。为了方便理解，用 x 和 y 来表示 $\boldsymbol{h}_s \in \mathbf{R}^2$ 的第一个和第二个元素，用 X_c 和 Y_c 来分别表示 $\hat{\boldsymbol{h}}_s$ 中的 x 轴和 y 轴分量。

根据定理 4.3 和定理 4.4 及上述特性，当 $K_s = 2$ 时，提出一种基于搜索的算法（SBA，Search-Based Algorithm）来求解问题 **P8**。SBA 的具体步骤如下所述。

首先，在每一次迭代时，可以以一个给定步长增加 x。同时，根据此时问题 **P8** 的约束 C1 取等号，来求解相应的 y，此时依据定理 4.3 应该选择数值较小的 y。之后，根据当前 x 和 y 值计算 **P8** 的目标函数值，比较每次迭代时问题 **P8** 的目标函数值，记录当前最小的目标函数值及其对应的 x 和 y 值。最后，当搜索完 x 有效取值范围时，SBA 算法停止。这里根据定理 4.4，只需搜索区域 $\mathcal{H}_s$ 的边界在第三象限的部分，

故 x 有效取值范围定义为 $\mathcal{D}(x) = \{x \,|\, X_{\min} \leqslant x \leqslant X_c\}$。这里，$X_{\min}$ 和 X_c 分别表示区域 $\mathcal{H}_s$ 中 x 的最小值和该区域中心点的 x 分量。

值得注意的是，该 SBA 算法仅仅适用于 $\boldsymbol{h}_s \in \mathbf{R}^2$ 的情况，但是不确定区域 $\mathcal{H}_s$ 不一定需要是凸集，这是因为只需该区域满足对称特性 S1。

4.3.3　算法复杂度分析

这里分别对 SBA 算法和 BBOA 算法进行计算复杂度分析，并对二者的复杂度进行比较。

1. SBA 算法复杂度分析

如果要得到问题 **P8** 的最优解，SBA 算法的迭代次数理论上是无限大的，这是因为一般情况下问题 **P8** 是 NP 难的。这里 SBA 算法的一次迭代过程指的是进行一次如下操作：以一个给定步长 Δx 增加当前 x 值；计算问题 **P8** 目标函数在 $x + \Delta x$ 处的取值；比较该函数值与当前已知的最小函数值；记录二者之中更小的目标函数值及其对应的 x 取值。对于一个给定的精度 $\kappa_{\mathrm{tar}} = |x - x^*|$，能够得出 SBA 所需的总迭代次数为 $N_S = \dfrac{L}{4\kappa_{\mathrm{tar}}}$，其中 L 表示区域 $\mathcal{H}_s$ 的边界长度。SBA 每一次迭代的具体操作如下：① 根据当前 x 值，计算对应的 y 值；② 基于当前 (x, y)，计算问题 **P8** 目标函数值；③ 比较当前目标函数值与已知最小的目标函数值，存储较小的目标函数值及其对应的 (x, y)。因此可知，SBA 的算法每一次迭代的复杂度为 $O(K_s)$。所以，SBA 算法的计算复杂度为 $O(N_S K_s)$。

2. BBOA 算法复杂度分析

这里分析 BBOA 算法即算法 4.2 的计算复杂度。为了符号标记的简洁性，用 n 表示认知用户 s 所占用的信道数目。同时，让 $x \in \mathbf{R}^{n \times 1}$ 表示 CBS 到给定认知用户 s 的信道增益向量。首先，分析该算法一次迭代的复杂度。在第 k 次迭代时，该 BBOA 算法主要的计算操作有：在给定点 x 处计算目标函数值 $f(x)$ 两次；求解由 $n+1$ 方程构成的具有 $n+1$ 个变量的线性方程组两次；求解具有 n 个变量和约束数目不断增加的 LP 问题最多 k 次；求解问题 **P8′** 的约束 C1 中 $h(x)$ 函数在给定点 x 处的次梯度一次；实现一维搜索一次；将一个单纯形分成两个单纯形一次。这里可以忽略该算法中其他的一些计算操作，由于这些操作与上面所列举的操作相比较而言，其复杂度很低，可以忽略不计。随后，分别给出在 BBOA 算法中上述这些主要操作的计算复杂度如下：

（1）在给定点 x 处计算目标函数值 $f(x)$（第 6 和 10 行）的复杂度为 $O(n)$。

（2）求解由 $n+1$ 方程构成的具有 $n+1$ 个变量的线性方程组（第 19 行）的复杂度为 $O((n+1)^3)$ [149]。

（3）求解具有 n 个变量和 L_k 个约束的 LP 问题（第 20 和 23 行）的复杂度为 $O(n^2 L_k)$。其中，L_k 表示 BBOA 算法第 k 次迭代时，该 LP 问题所具有的约束个数。在 BBOA 算法中，最差情况下，有 $L_k = k + 2n$。

（4）求解问题 **P8′** 的约束 C1 中 $h(x)$ 函数在给定点 x 处的次梯度（第 14 行）的复杂度为 $O(n)$。

（5）实现一维搜索（第 9 行）的复杂度为 $O(N_{\text{search}} \times n)$。其中，$N_{\text{search}}$ 表示在给定容忍误差界 κ_{err} 时，所选用的一维搜索算法所需要的迭代次数。如果采用二分法，可以得出 $N_{\text{search}} = \lceil \text{lb}(1/\kappa_{\text{err}}) \rceil$ [125]，其中 $\lceil \cdot \rceil$ 表示向上取整操作。

（6）将单纯形 $S_{k-1,k}$ 采用二分法分为两个子单纯形 $\{S_{k,1}, S_{k,2}\}$（第 18 行）的复杂度为 $O(n^3)$。

在 BBOA 算法的每一次迭代时，需要执行操作（1）和（2）分别两次，（3）最多 k 次以及操作（4）～（6）分别一次。因此，可以求得 BBOA 算法在第 k 次迭代时的计算复杂度为

$$C_{\text{BBOA}}^k = 2O(n) + 2O((n+1)^3) + kO(n^2(2n+k)) + O(n) +$$
$$\qquad O(N_{\text{search}} \times n) + O(n^3)$$
$$= O(2n + 2(n+1)^3 + kn^2(k+2n) + n + N_{\text{search}} \times n + n^3)$$
$$= O(kn^3 + 2k^2n^2) \tag{4-30}$$

根据上式，可得 BBOA 算法的计算复杂度为 $C_{\text{BBOA}} = kC_{\text{BBOA}}^k = O(k^2n^3 + 2k^3n^2)$。这里 k 指的是在该给定允许误差界时，该算法所需的迭代次数。理论上来说，为了求得最优解，BBOA 算法的迭代次数 k 应该趋于无穷大，这是因为该算法尝试求解一个 NP 难问题的最优解。然而，当给定一个允许的误差界时，迭代次数 k 是有界的，而且其具体取值依赖于所关注问题的具体形式和相应的仿真参数设置。

根据上述分析结果可得：该算法每一次迭代的复杂度为 $O(N_B K_s^3 + 2N_B^2 K_s^2)$。其中，$N_B$ 表示在给定一个允许误差界时，该算法所需的迭代次数。因此，该 BBOA 算法的复杂度为 $N_B \times O(N_B K_s^3 + 2N_B^2 K_s^2) = O(N_B^2 K_s^3 + 2N_B^3 K_s^2)$。理论上来说，为了得到问题 P8 的最优解，$N_B$ 应该趋于无穷大。在仿真中，当给定一个允许误差界时，N_B 是有界的，而且依赖于问题的具体形式和相关的仿真参数设置。因此，通过仿真结果来衡量 N_B 的大小是一个不错的选择。值得注意的是，后续仿真结果表明在当前的仿真场景下，N_B 的数值比较小。

综上所述，通过比较 SBA 和 BBOA 算法的复杂度，可以发现：在每一次迭代时，SBA 的复杂度远小于 BBOA 算法的复杂度。

4.4　性能仿真与分析

4.4.1　仿真参数设置

本小节通过仿真结果来对所提算法进行性能分析。首先，给出相关仿真参数及其取值设置如表 4-1 所示。

表 4-1　仿真参数及其取值表

参　　数	取　　值
授权信道数目 K	12
主用户数目 P	4
认知用户数目 S	3
信道带宽 B	180 kHz
高斯噪声功率谱密度 N_0	-174 dBm/Hz
CBS 的静态电路功耗 P_C	100 mW
CBS 的最大发送功率 $P_{\max}$	200 mW
主用户允许的干扰门限值 η	$40\sigma^2$
PBS 的合成干扰 $\hat{I}_k$	$20\sigma^2$
I_k 的权重因子 z_k	1
$\boldsymbol{h}_s$ 的权重矩阵 $\boldsymbol{W}_s$	$\boldsymbol{I}_{K_s \times K_s}$
$\boldsymbol{g}_j$ 的权重矩阵 $\boldsymbol{M}_j$	$\boldsymbol{I}_{K \times K}$
$\boldsymbol{g}_j$、$\boldsymbol{h}_s$ 和 I_k 的归一化误差界 ε	0.5
算法的误差精度 κ_1、κ_2	0.000 1
算法的最大迭代次数 $L_{\max}^1$、$L_{\max}^2$	50
误码率需求 e_k	0.001
CBS 的放大器系数 ζ	5

为了方便理解，$\eta_j = \eta$，$j = 1, \cdots, P$ 表示所有 PU 能容忍的干扰门限值。而且可以采用单个信道上的噪声功率 $\sigma^2 = BN_0$ 来归一化 η，并称其为归一化误差界。此外，在仿真中，采用 L_2 范数（即欧几里得范数）来建模所有信道参数的不确定区域。换言之，可以采用椭球体来刻画信道参数的不确定性区域。为了符号的简洁性，用 $\varepsilon_j = \delta_k = \tau_k = \varepsilon$，$j = 1, \cdots, P$，$k = 1, \cdots, K$ 来表征所有信道参数的归一化误差界。这里，采用相应参数估计值的 L_2 范数来归一化 ε。

对于信道增益 $\boldsymbol{h}_s$ 的归一化误差界 ε，设定 $\varepsilon = \| \boldsymbol{h}_s - \hat{\boldsymbol{h}}_s \| / \| \hat{\boldsymbol{h}}_s \|$。为了避免在实际系统中最差情况的 $\boldsymbol{h}_s$ 中有些元素可能会小于或等于 0，对 $\boldsymbol{h}_s$ 的元素添加一个下界为 $h_s^k \geqslant \omega_k \hat{h}_s^k$，$k = 1, \cdots, K_s$，$0 < \omega_k \leqslant 1$。其中，$\omega_k$ 是每个元素 h_s^k 的归一化误差界。可以看出，对 $\boldsymbol{h}_s$ 元素下界的约束为线性约束。因此，BBOA 算法依旧能够求解此时的问题 **P8**。当 $K_s = 2$ 时，用 (X_c, Y_c) 和 R 分别表示由约束 C1 所定义圆的圆心和半径。同时，记 $\omega_k = \omega$ 为 $\boldsymbol{h}_s$ 中所有元素的统一元素下界。

在上述情况下，采用 SBA 算法来求解问题 **P8** 可以分为三类情况：① 当点 $(\omega X_c, \omega Y_c)$ 在问题 **P8** 的约束 C1 所定义的圆内时，则该点就是 **P8** 的最优解；② 当约束 $(1-\omega)X_c \geqslant R$ 和 $(1-\omega)Y_c \geqslant R$ 都成立时，元素的下界约束不起作用，此时，仍可以按照 SBA 算法求解 **P8**；③ 否则，更新 $X'_{\min} = \max\{X_{\min}, \omega X_c\}$ 和 $X'_c = \min\{X_c, X_{\text{LB}}\}$。这里，$X_{\text{LB}}$ 为当 $y = \omega Y_c$ 时，对应的数值较小的 x。如果 $(1-\omega)Y_c \geqslant R$，设定 $X_{\text{LB}} = \infty$。在仿真中，设定 $\omega_k = \omega = 0.05$。

这里用 D 和 d 分别表示 CBS 到认知用户以及其到主用户的距离，并给出认知用户和主用户的信道损耗模型[107, 131]：

$$\begin{cases} h_s^k = \dfrac{\theta}{D^\chi}, & k = 1, \cdots, K_s, \ s = 1, \cdots, S \\[2mm] g_j^k = \dfrac{\theta}{d^\chi}, & k = 1, \cdots, K, \ j = 1, \cdots, P \end{cases} \tag{4-31}$$

式中：χ 和 θ 分别表示路径损耗因子和一个载波频率相关的系数。具体来说，在仿真中，设定 $\chi = 4$ 和 $\theta = 0.09$。

4.4.2　仿真结果与分析

在图 4.1 所示的网络场景中，通过仿真结果比较所提鲁棒（Robust）方案与非鲁棒（Non-Robust）方案的性能。这里，Non-Robust 方案指的是没有考虑信道参数不确定性，而直接认为这些参数的估计值是准确的，进而采用这些参数值进行 EE 最大化设计的方案。然而，值得指出的是，即使在 Non-Robust 方案中，所有信道参数的不确定性也是不可避免的。首先，在给定算法误差精度 $\kappa_1 = 10^{-4}$ 时，将所提算法 4.1 运行了 10 000 次。在当前参数设定下，该算法迭代次数的平均值为 9.3273 次。这说明算法 4.1 的收敛速度很快。

1.　一般场景下性能分析

这部分具体分析所提方案在 $K_s \geqslant 1$ 情况下的性能。其中，设定认知用户和主用户的数目分别为 3 和 4。换言之，每个认知用户占用 $K_s = 4$ 个信道，每个主用户传输占用 3 个信道。设定认知用户到 CBS 的距离分别为 $[100, 150, 200]$ 米。同时，主用户到 CBS 的距离分别设定为 $[400, 430, 470, 500]$ 米。

图 4.2 描述了第一个主用户的 QoS 满意概率（PQSP，PU's QoS Satisfying Probability）。具体来说，PQSP 表示 CBS 对一个给定主用户接收端造成的干扰小于或等于该主用户能够容忍的干扰门限值 η 的概率。也就是说，PQSP 是一个用来衡量式（4 - 14）中约束 C2′ 被满足比例的指标。在仿真中，通过蒙特卡洛（Monte Carlo）方法在区域 $\mathcal{G}_j$ 内均匀产生 1 000 000 个样点。从图 4.2 可以看出：PQSP 在 Non-Robust 方案下随着 η 的增加而增加；而所提 Robust 方案的 PQSP 总是为 1。这说明所提方案总是能够满足主用户传输 QoS 对认知用户传输的要求。

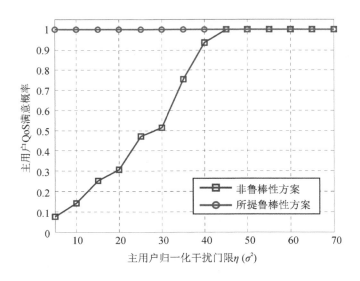

图 4.2 不同干扰门限值 η 下,第一个主用户的 QoS 满意概率

更进一步,在图 4.3 中,给出了 CBS 对该主用户产生干扰的累积分布函数(CDF,Cumulative Distribution Function)。可以看出:在 Robust 方案下 CBS 对主用户产生的干扰总是小于给定干扰门限值 η;而 Non-Robust 方案下的干扰值有近 0.5 的概率大于 η。根据图

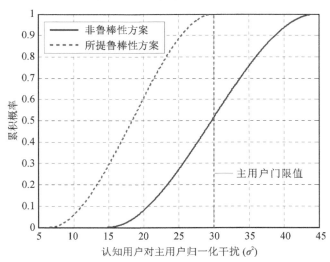

图 4.3 认知基站对第一个主用户干扰的累积概率分布曲线

4.2 和 4.3 可知，所提 Robust 方案能够严格保证 CBS 对主用户的干扰小于干扰门限值 η。

图 4.4 研究了当 $\eta = 40\sigma^2$ 时，认知用户的 EE 随着所有信道参数不确定性变化时的性能曲线。可以看出，认知用户的 EE 性能总是随着信道参数不确定性的增加而下降。然而，Robust 方案在保障主用户的 QoS 和提升认知用户的 EE 方面明显优于 Non-Robust 方案。具体来讲，图 4.4(a) 给出了最差情况（worst-case）EE 随着归一化参数不确定性 ε 变化的趋势。Robust 方案总是能够满足约束 C2'。然而，Non-Robust 方案仅在 ε 比较小时，能满足该约束；但是当 ε 较大时，该方案下约束 C2' 不成立。而且，当 ε 比较小时，认知用户的 EE 在两种方案下性能几乎一致。这种现象表明当 η 大于一个关键值时，Non-Robust 的 EE 设计在 ε 比较小时，也会具有一定的鲁棒性。此处，这个 η 的关键值等于当不考虑约束 C2' 时，认知用户取得其最优 EE 值时对主用户造成的干扰值。这种现象完全不同于已有的鲁棒性速率最大化问题的结果。

为了更加清楚地展示每个信道参数的不确定性对认知用户 EE 的影响，设定 g_j、h_s 和 I_k 分别变化。特别地，当 I_k 准确时，图 4.4(b) 给出了认知用户 EE 随着 g_j 和 h_s 不确定性变化的趋势。随着 g_j 不确定性的增加，Non-Robust 方案不能够保证约束 C2' 成立，即恶化了主用户的 QoS。因此，将此种情况下认知用户的 EE 设置为 0，来表明此时约束 C2' 不成立。然而，所提方案下认知用户的 EE 在所有情况下总是大于 0，说明该 Robust 方案能够严格保证主用户的 QoS 对认知用户的需求。当 g_j 准确时，图 4.4(c) 研究了认知用户 EE 随着 h_s 和 I_k 不确定性变化的趋势。可以看出，由 h_s 不确定性所引起的 EE 下降更加严重，这主要是因为 h_s 的不确定性在认知用户所占用的几个信道上是相关的。此外，即使 g_j 是准确的，所提方案与 Non-Robust 方案相比，依旧能够带来认知用户 EE 性能的提升。

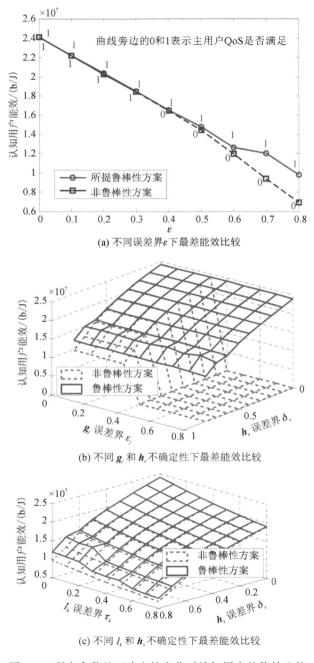

(a) 不同误差界ε下最差能效比较

(b) 不同$\boldsymbol{g}_j$和$\boldsymbol{h}_s$不确定性下最差能效比较

(c) 不同I_k和$\boldsymbol{h}_s$不确定性下最差能效比较

图 4.4　所有参数的不确定性变化时认知用户的能效比较

图 4.5 给出了在两种方案下，认知用户 EE 在不同主用户干扰门限值 η 下的性能比较。所提鲁棒性方案总是能够保证主用户的 QoS 需求。从图中可以看出：当 η 比较小时，Non-Robust 方案下的 EE 性能虽然略高于 Robust 方案。然而，此时，Non-Robust 方案已经使得约束 C2′ 不成立，即问题 **P2** 已经变得不可行。当 η 比较大时，Robust 方案的 EE 性能明显高于 Non-Robust 方案。

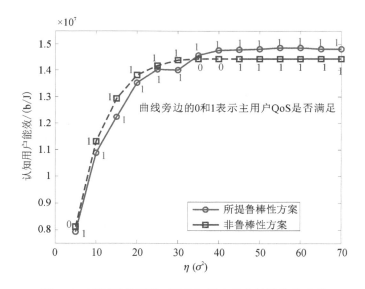

图 4.5　不同干扰门限 η 下认知用户最差情况能效比较

图 4.6 描述了所提方案下认知用户 EE 在不同 ε 下的变化趋势。可以看出：认知用户的 EE 随着参数不确定性 ε 的增加而单调递减，这是因为最差情况 EE 是信道参数不确定性的非增函数。此现象表明了认知用户的 EE 和参数鲁棒性之间的折中关系。此外，认知用户的 EE 随着 η 的增加而增加。

图 4.7 给出了认知用户的 EE 在不同 ε 下随着干扰门限值 η 变化的性能曲线。此时，认知用户的 EE 随着 η 的增加而增长。然而，随着 η 继续增加，认知用户的 EE 基本上保持不变，这是因为此时约束 C2′ 已经不起作用，即是冗余的。也就是说，认知用户已经达到其最

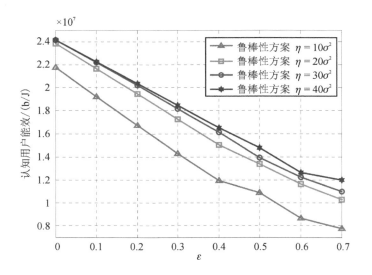

图 4.6　不同参数不确定性 ε 下认知用户最差情况能效比较

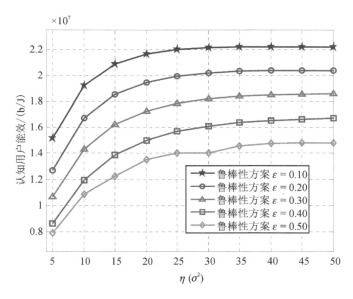

图 4.7　不同干扰门限 η 和参数不确定性 ε 下认知用户最差情况能效比较

大 EE 值,因此其保持不变。可知此情况下,一个较大的 η 并不总能够导致一个对应较大的 EE 值,说明了 EE 最大化问题不同于速率最大化问题。这也是该场景下 EE 最大化设计所特有的现象。

2. $K_s = 2$ 特殊情况场景下性能分析

在每个认知用户采用 $K_s = 2$ 个信道进行传输的特殊情况下，通过仿真结果来分析所提方案的性能。在此情况下，认知用户和主用户的数目分别为 6 和 4。此时，这 6 个认知用户到 CBS 的距离分别设定为 $[100, 120, 140, 160, 180, 200]$ 米。同时，4 个主用户到 CBS 的距离分别设定为 $[400, 430, 470, 500]$ 米。

在不同 ε 下，图 4.8 描述了采用 SBA 和 BBOA 算法时，认知用户的 EE 随着 η 变化的性能比较。可以看出：两种算法提供了几乎一致的认知用户 EE 性能，这从侧面说明了 SBA 算法的有效性。

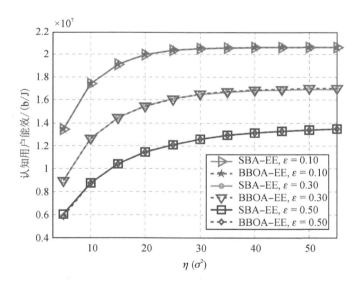

图 4.8　不同干扰门限 η 下 SBA 和 BBOA 算法的能效比较

图 4.9 研究了 AIA 算法与 BBOA 算法的收敛特性。具体来讲，图 4.9(a) 给出了当分别采用 BBOA 和 SBA 算法求解问题 **P8** 时，采用 AIA 算法求解问题 **P2** 所得到的认知用户 EE 性能的比较。可以看出，当 AIA 算法内部采用 SBA 和 BBOA 两种算法时，其收敛速度都很快。图 4.9(b) 给出了第 2 个认知用户在 AIA 算法中第 20 次迭代时，BBOA 算法的收敛特性。图中，LB 和 UB 分别表示由 BBOA 算

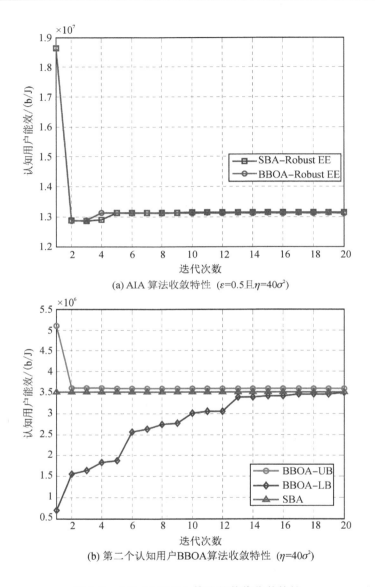

(a) AIA 算法收敛特性 ($\varepsilon=0.5$ 且 $\eta=40\sigma^2$)

(b) 第二个认知用户BBOA算法收敛特性 ($\eta=40\sigma^2$)

图 4.9　AIA 和 BBOA 算法的数值收敛特性

法产生的问题 **P8** 目标函数值的下界和上界。可以看出，LB 和 UB 之间的差别随着迭代次数的增加而逐渐减小。为了方便比较，同时给出了采用 SBA 算法得出的问题 **P8** 的目标函数值。可以看出：BBOA 算法的收敛速度比较快；而 SBA 算法能够获得和 BBOA 算法基本一致的 EE 性能。

3. h_s 不确定性不相关时性能分析

当 h_s 不确定性不相关时，具体分析所提算法的性能。此时，h_s 中第 k 个元素 h_s^k 的不确定区域可以表示为 $\mathcal{H}_s^k = \{h_s^k \mid \parallel w_s^k(h_s^k - \hat{h}_s^k) \parallel \leqslant \delta_s^k\}$，$k = 1, \cdots, K_s$，$s = 1, \cdots, S$。根据4.3.2节的内容，可以分别求出参数 I_k 和 h_s 不确定性的闭式解，进而有效地求解问题 **P2**，从而得到其最优值。这里假设所有认知用户和主用户到 CBS 的距离 D 和 d 分别在区间 $[100, 200]$ 米和 $[400, 500]$ 米内服从均匀分布。此外，设定信道总数目 $K = 24$，认知用户数目 $S = 8$ 和主用户数目 $P = 6$。假定所有信道已经分别均匀地分配给认知用户和主用户。为了考虑认知用户和主用户位置随机性的影响，这里所有的仿真结果是对 1000 次仿真结果的平均。

当 ε 和 η 同时变化时，图 4.10 给出了认知用户 EE 的变化趋势。结果表明：所提方案在最差情况 EE 指标上总是优于 Non-Robust 方案。这里，当 Non-Robust 方案中约束 C2′ 不满足时，将其对应的认知用户 EE 设定为 0。可以看出：当 ε 比较大且 η 比较小时，

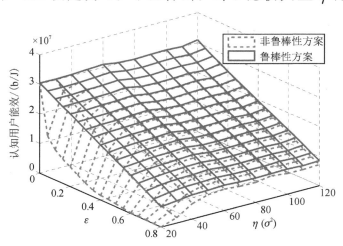

图 4.10　干扰门限 η 和参数不确定性 ε 变化时认知用户最差情况能效比较

Non-Robust方案对应的 EE 很小几乎是 0。这个现象说明：针对主用户和认知用户位置的很多次随机实现，Non-Robust 方案由于忽略了 CSI 误差的存在，从而不能够保证 CBS 对主用户的干扰小于干扰门限值。然而，所提鲁棒性方案总是能够保证约束 C2′ 成立，从而严格地保证了主用户的 QoS 需求。类似地，两种方案下的 EE 随着 ε 的增长而减小。有趣的是，当 ε 比较小且 η 比较大时，两种方案下认知用户的 EE 性能几乎一致，表明了此时 Non-Robust 方案能够抵抗比较小的信道参数不确定性，即具有一定的鲁棒性。

当给定 $\eta = 100\sigma^2$（即约束 C2′ 是冗余的）和 $\varepsilon = 0.8$ 时，图 4.11 给出了认知用户的 EE 随着不同认知用户数目变化的性能曲线。注意，不同的认知用户数目将导致每个认知用户占用信道个数的不同。可以看出，与 Non-Robust 方案相比，所提方案明显具有优势。此外，认知用户的 EE 在两种方案下均随着认知用户数目的增加而增长，验证了多用户分集特性。

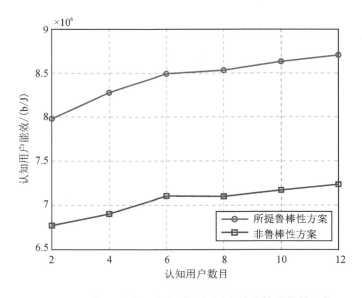

图 4.11　认知用户数目变化时认知用户最差情况能效比较

当给定 $\eta = 30\sigma^2$ 和 $\varepsilon = 0.8$ 时，图 4.12 描述了认知用户的 EE 随着不同主用户数目的变化趋势。这里注意，每个主用户占用信道的个数也是随着主用户数目的变化而相应变化。可以看出，两种方案下认知用户的 EE 均随着主用户数目的增加而增长，因为当给定参数不确定性 ε 时，随着主用户数目的增加，每个主用户将占用更少的信道，从而将导致 $\boldsymbol{g}_j$ 的不确定性降低。

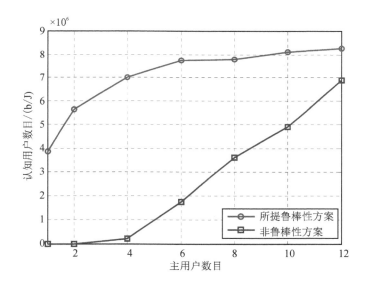

图 4.12   主用户数目变化时认知用户最差情况能效比较

4.5 本 章 小 结

本章在多信道 Underlay 认知无线电网络场景下，研究了当所有信道参数出现有界误差时，认知用户如何进行具有鲁棒性保障的 EE 最大化设计问题。采用最差情况优化方式来确保主用户的 QoS 需求，将该问题建模为一个具有无限约束的 max-min 优化问题。证明了该问题能够转化为一个具有凸约束的 max-min 优化问题。在一般情况下，提出了一种 AIA 算法来求解该问题。而且在两种特殊情况下，此算法能够高效地求解该问题。特别地，当每个认知用户占用两个信道进行传输时，提出了一种低复杂度的 SBA 算法来求解该 max-min 问题的内部最小化问题。理论分析和仿真结果表明：当所有信道参数在其不确定性区域里面任意取值时，与 Non-Robust 方案相比，所提的鲁棒性方案不仅能够严格保障主用户的 QoS 需求，还能显著地提升认知用户的 EE。尤为重要的是，仿真发现：① Non-Robust方案下认知用户的 EE 在信道误差很小时，具有一定的鲁棒性；② 当信道参数不确定时，认知用户的 EE 并不总是随着主用户干扰门限值的增加而增大，存在一个最优的 EE 值。

第 5 章 总结与展望

5.1 研究总结

　　为了满足人们日益增长的高速率、大容量和高移动性的通信需求，各种各样的无线通信系统竞相发展、百花齐放。然而，这种趋势更加激化了可用频谱资源日益匮乏与已分配频谱利用率极其低下之间的矛盾。因此，作为解决该矛盾的一种极具潜力的技术途径——认知无线电技术迎来了快速发展期。本书重点关注认知无线电网络中两个关键性能指标——谱效和能效，在 Overlay 和 Underlay 的认知无线电网络场景下分别研究了如何最大化这两个指标。本书的主要研究成果总结如下：

　　（1）基于跨层设计思想，第 2 章针对多信道 Overlay 认知无线电网络场景，提出了基于数据信道状态感知的 CAM－MAC 协议[150]。在预约信道上，该协议设计了一种同时具备数据信道预约和空闲信道信息交互的握手机制，来减少认知用户的平均成功预约时长。在服从 Nakagami 衰落的数据传输信道上，该协议设计了一种新的握手机制，引入了基于瞬时 SNR 的自适应传输机制，来充分利用多个数据传输信道上差异化的传输速率，从而提升了认知用户对空闲频谱的利用率。接着，采用二维马尔可夫链和概率论从理论上得出了 CAM－MAC 协议的平均预约时长和饱和吞吐量。理论分析与仿真结果表明：与已有相关协议比较，CAM - MAC 协议能够显著地提升认知用户的饱和吞吐量且具有更低的时延性能。

（2）针对以往基于瞬时信道信息的静态优化方法不能够在快衰落场景中的所有衰落状态下保障主用户的 QoS 的同时最大化认知用户能效的问题，第 3 章在 Underlay 认知无线电网络中，采纳中断概率约束作为主用户的 QoS 指标，考虑认知用户的平均发送功率和峰值发送功率约束，以认知用户的平均能效为目标将该问题建模为具有机会约束的分式优化问题。基于分式规划和拉格朗日对偶理论，提出了一种高效的迭代功率分配算法 IPA，能够得出最优的功率控制策略，在保障主用户 QoS 的前提下最大化认知用户平均能效[151]。进而，分析了该功率分配算法的计算复杂度。仿真结果表明：认知用户可以通过功率控制，在满足主用户的中断概率约束的同时最大化自身的平均能效。同时发现：该场景下遍历容量最大化问题可以归纳为平均能效最大化问题的一个特例。此外，认知用户的最优平均能效和主用户的中断概率门限仅仅在一定范围内存在折中关系。

（3）针对实际系统中的信道增益往往不准确的事实以及在多用户多信道 Underlay 认知无线电网络场景，第 4 章在所有信道的 CSI 非完美的情况下，研究了如何在严格保证不干扰主用户通信的同时，最大化具有鲁棒性保障的认知用户能效的问题。从基于最差情况的鲁棒性优化角度出发，考虑所有 CSI 的不确定性，以最大化认知用户的能效为目标将该问题建模为一个具有无限个约束的最大最小优化问题。即使不考虑该无限个约束，由于该问题的外部最大化问题是非凸而且其内部最小化问题属于凹函数最小化问题，因此，该问题是一类 NP 难的问题，其求解十分具有挑战性。基于分式规划和全局优化理论，提出了一种交替迭代的功率分配算法，用于求解该问题[152]。特别地，在两种特殊场景下，提出了两种高效算法来求解该问题，并分析了所提算法的计算复杂度。仿真结果表明：当所有信道信息不准确时，所提方案不仅能够严格保证对主用户的干扰小于给定门限值，还能够显著提升认知用户的最差能效。同时发现：当信道误差很小时，非鲁棒性方案下的能效具有一定的鲁棒性；当信道参数非完美时，认知用户的能效并不总是随着主用户干扰门限值的增加而增大，而是存在一个最优的能效值。

5.2　后续研究展望

认知无线电网络经过数十年的发展，已经取得很多可喜的进展。然而，由于研究内容广泛，纵跨无线通信、信号处理、智能学习等领域，认知无线电网络不论是在理论研究方面，还是在已有技术的标准化与产业化方面，仍然存在很多挑战。这些挑战值得该领域的研究者们继续潜心钻研。本书介绍作者针对认知无线电网络中谱效和能效的最大化问题开展的一些研究工作以及取得的一定成果。在本书所介绍的研究基础上，后续研究工作可以从以下几个方面展开：

（1）针对本书第 2 章提出的 CAM - MAC 协议，后续可以考虑从提升认知用户的能效的角度来开展工作。具体来讲，就是可以联合考虑物理层的频谱感知、功率控制和 MAC 层的协议设计，综合设计一个能够充分保障主用户传输的同时以提升认知用户的能效为目标的 MAC 协议。进一步，从协议设计层面上，探讨此情况下联合物理层和 MAC 层进行跨层设计的性能增益。同时，分析该新型 MAC 协议所能够达到的谱效和能效之间的相互关系。

（2）本书主要从物理层和 MAC 层的角度来最大化认知无线电网络的谱效和能效，然而，认知无线电网络最终是面向用户的，即需要满足用户的业务需求。在本书所介绍研究的基础上，可以考虑联合网络层和应用层的设计，从端到端的角度来优化频谱、功率、路径选择、数据包调度等，综合设计能够为认知用户提供一定 QoS 保障的认知无线电网络。以传输控制协议（TCP，Transmission Control Protocol）为例：在认知无线电网络中，从整个系统的角度出发如何采用跨层思想，设计一种有效的 TCP 协议来满足认知用户具有时延约束的业务需求，例如视频等流媒体业务。

（3）本书第 3 章和第 4 章的内容仅考虑了在单天线场景下认知用户能效的最大化问题，然而，随着新技术的涌现，十分有必要在认知无线电网络中考虑引入多天线技术和基于射频（RF，Radio Frequency）的能量收集技术等新技术，来进一步提升认知无线电网络的适应性，并扩展其应用场景。多天线技术不仅能够提升认知链路的谱效，还能够通过波束赋形技术来控制认知用户对主用户造成的干扰。而基于 RF 的能量收集技术可以使得认知用户能够从周围的电磁环境中收集能量，从而有效地缓解电池供电节点能量受限的矛盾。目前可以考虑：在多天线认知无线电网络中，当认知发送节点同时对认知接收节点进行信息传递和能量传输时，如何设计高效的资源分配机制，才能不仅保证信息接收节点的业务速率要求，还能在控制对主用户的干扰的同时保障能量收集节点的能量需求，从而同时提升该系统的谱效和能效。这将是一个十分有意义的研究方向。

5.3　未来趋势展望

除了上述的相关研究总结及其后续研究展望，随着目前无线通信和人工智能飞速发展，认知无线电网络的相关研究也呈现出一些新的发展趋势。为了方便读者理解，将认知无线电网络未来一些可能的发展趋势概述如下：

（1）先进的认知无线电收发机设计：文献[153]在非完美 CSI 的多输入多输出（MIMO，Multiple Input Multiple Output）Underlay 认知无线电网络场景下基于和均方误差最小化研究了鲁棒的全双工收发机设计。文献[154]研究了三频段（具体为 925 MHz、1750 MHz 和 2450 MHz 频段）的全双工认知无线电收发机，用于战术通信领域，并在 Zynq 软件定义无线电开发平台和基于 AD9361 的可配置 RF 前端实现了该收发机。文献[155]在多用户 MIMO Underlay 认知无线电系统中研究了基于毫米波通信的混合模拟-数字收发机架构，并基于交替方向乘子法（ADMM，Alternating Direction Method of Multipliers）算法求解出收发机的预编码和解码矩阵。太赫兹（THz）通信或超级 MIMO（UM – MIMO，Ultra-Massive MIMO）作为未来通信系统的极具潜力的技术，需要极大数目的射频链，受到硬件成本和复杂度的极大制约，对未来的收发机设计提出了极大的挑战。因此，文献[156]利用可编程超表面对电磁波的操控能力，设计了无射频链发射机和空间下采样接收机，以简化未来通信系统收发机的设计并降低硬件成本，并通过测试平台系统验证了所提的方案。

（2）认知无线电与非正交多址接入（NOMA，Non-Orthogonal Multiple Access）技术融合：NOMA 技术通过在功率域来复用多个用户从而支持多个用户在相同的频段上同时传输，这将会导致用户间严重的干扰。因此，接收机采用串行干扰消除（SIC，Successive Interference Cancellation）来缓解多址接入引起的多用户干扰。文献[157]结合了协作中继技术和 NOMA 技术，即协作 NOMA 技术，详细讨论了协作 NOMA 中的资源分配技术。其中，基于认知无线电的协作 NOMA 技术被认为可以提供更好的吞吐量、更低时延和更多的用户连接。文献[158]调研了现有将 NOMA 技术引入到认知无线电网络的相关研究，并讨论了在该方向的开放问题，如认知无线电网络与 Massive

MIMO、毫米波通信技术的融合等。文献[159]在基于 NOMA 技术的 Overlay 认知无线电网络中，通过联合优化认知用户的发送功率分配因子和接收机的解码顺序，在保障主用户系统 QoS 的前提下最小化次级用户系统的中断概率，作者分别讨论了认知用户发送端具有完美 CSI 和统计 CSI 情况下最优的功率分配和解码顺序。文献[160]在基于 NOMA 的 Underlay 认知无线电网络的下行传输场景中，设计了一个鲁棒的资源分配算法，能够在非完美 CSI 下保障对主用户干扰约束和认知用户最小速率需求的同时，最大化认知用户的系统能效。文献[161]在 NOMA 的认知无线电网络中，分别讨论了当主用户网络采用 SIC、认知用户网络采用 SIC 以及主用户网络和认知网络自适应采用 SIC 三种场景下，通过优化不同信号层的功率分配，在满足主用户网络 QoS 需求的前提下最大化认知用户网络的可达速率。

（3）认知无线电网络与能量收集技术（Energy Harvesting）融合：能量收集技术通过无线充电机制提供移动终端的电能，为解决未来通信系统中的终端高能耗问题提供了一个潜在的技术途径，受到了学术界和产业界的广泛关注。文献[162]中，作者考虑了在基于 NOMA 的认知无线电网络场景下，认知用户具备无线携能通信（SWIPT，Simultaneous Wireless Information and Power Transfer）能力，即能够在接收信息的同时收集电磁波信号中能量的情况。作者同时考虑了有界 CSI 误差和 Gaussian CSI 误差情况，最小化认知基站的发送功率和最大化认知用户的总收集能量。文献[163]在 6G（第六代移动通信）使能的物联网（IoT，Internet of Things）中，采用协作频谱共享和 SWIPT 来提升 IoT 设备的谱效和能效。IoT 发送机在第一阶段接收信息并收集能量，第二阶段用收集到的能量在正交子载波上分别中继主用户信息并传输自己的信息。作者分别在放大转发和解码转发两种中继模式下，通过联合优化功率和子载波来保障主用户目标

速率,同时最大化认知 IoT 系统的数据速率。文献[164]在基于
SWIPT 的认知 Ad Hoc 网络中,通过联合优化发送功率和功率分离
系数来最小化所有认知用户的总功率,认知用户通过 SWIPT 技术不
仅能够接收信息,还能够延长自身的生存期。作者针对完美 CSI 和
有界误差 CSI 情况,分别设计了分布式资源分配方案。文献[165]在
采用 Interweave 和 Underlay 混合信道接入模式的能量收集认知无
线电网络中,针对认知用户具有多个不同 QoS 需求的类别,并采用
能量收集技术来提供发送能量的情况,将认知用户吞吐量最大化问
题建模为混合观察马尔科夫决策过程,并提出两种算法在满足不同
类别认知用户 QoS 的前提下求解该问题。

　　(4) 认知无线电网络与机器学习(ML,Machine Learning)融合:
随着大数据时代的到来,无线通信领域积累了大量的数据,可以用
来设计智能的通信系统。机器学习技术的快速发展和大量应用数据
的不断积累,使得基于数据驱动的智能无线通信成为一种可能。文
献[166]讨论了认知无线电技术和机器学习的发展,着重强调了它们
在提升无线通信系统频谱和能效方面的作用。认知无线电具备感知
能力和可重构能力,而机器学习在系统适应性方面具有很大的潜力,
二者的有效结合能够极大促进未来智能无线通信的发展。文献[167]
针对机会频谱接入的认知无线电网络所面临的缺乏全局信息、探索
与利用二难问题以及信道接入竞争等挑战,提出了基于机器学习的
机会频谱接入架构。作者通过集成多臂赌博机和匹配理论,分别针
对单用户和多用户场景,设计了机会频谱接入方案,能够达到长期
的最优网络吞吐量。文献[168]在非完美 CSI 的认知无线电网络中,
提出了基于多智能体强化学习的分布式资源分配方案来最大化网
络容量。作者同时提出了基于云协助的协作多智能体强化学习资
源分配方案,并搭建了基于通用软件无线电外设(USRP,Universal

Software Radio Peripherals)和 LabVIEW 的测试平台。文献[169]在 Underlay 认知无线电网络场景中研究了深度学习辅助的完全分布式发送功率控制方案,以最大化认知用户的平均谱效,同时恰当地管控对主用户的干扰。作者基于深度神经网络(DNN,Deep Neural Network),仅使用每个认知用户的本地 CSI 来训练该网络,并确定认知用户的发送功率大小。该方案具有较低的计算时间,并且没有信令交互开销,能够达到近似最优的谱效。

(5)从认知无线电到智能无线电(IR,Intelligent Radio):文献[170]研究了使用机器学习技术增强认知无线电网络性能的方法,以实现智能的协作认知网络,特别关注分类和聚类算法在协作认知无线电网络中的应用。作者给出了建立基于学习的协作认知无线电网络的基本步骤。文献[171]关注 5G 中的智能认知无线电,将人工智能和认知无线电技术结合,建立了一个四层的分布式网络交互框架。在此框架下,针对认知用户、主用户和基站提出了一种三层多智能体系统模型,最后提出了一种智能的基站控制机制和信道资源分配方法,能够在分布式蜂窝网络中实现基于人工智能的资源分配和优化。文献[172]回顾了认知无线电近 20 年的发展历程,展示了它从认知到人工智能的演进,全面回顾了典型的频谱感知和共享技术,并讨论了基于人工智能的智能无线电的最新进展。作者描绘了智能无线电后续发展——智慧地使用有限的频谱资源的清晰前景,同时给出了智能无线电发展的研究挑战:商业化、定价与支付、开放数据集和适合通信系统的学习框架以及智能和可靠性之间的折中。文献[173]讨论了实现智能通信的可能途径,首先简要回顾了认知无线电的发展,介绍了机器学习在通信领域的最新进展,其次详细讨论了这些人工智能技术在频谱感知和频谱共享方面的应用,最终给出了智能无线电所面临的挑战,例如,现有研究较多关注基于特定环境的智能通信，仅关注提升某个功能而非实现智能的功能等。

综上所述，可以看出认知无线电网络的收发机朝着多频段全双工智能化发展，认知无线电网络不断与先进通信技术、机器学习技术进行深度融合，最终迈向智能无线电，进而实现"智慧随心至、万物触手及"的智慧通信。

最后，如何将这些先进的理论成果落实到实际工程应用中是科研人员义不容辞的责任。让科学理论在生活中付诸实践并发挥功效，改善人们生活，最终推动社会文明进步是广大科研人员梦寐以求的夙愿。然路漫漫其修远兮，吾将上下而求索，愿以此与诸君共勉。

附录　缩略词对照表

缩略词	英文全称	中文对照
3GPP	The 3rd Generation Partnership Project	第三代合作伙伴计划
4G	The 4th Generation Mobile Communication	第四代移动通信
5G	The 5th Generation Mobile Communication	第五代移动通信
6G	The 6th Generation Mobile Communication	第六代移动通信
ADMM	Alternating Direction Method of Multipliers	交替方向乘子法
AWGN	Additive White Gaussian Noise	加性高斯白噪声
BER	Bit Error Rate	误码率
CBS	Cognitive Base Station	认知基站
CCC	Common Control Channel	公共控制信道
CDF	Cumulative Distribution Function	累积分布函数
CT	Channel Training	信道训练
CTS	Clear To Send	允许发送
CDMA	Code Division Multiple Access	码分多址
CR	Cognitive Radio	认知无线电
CRN	Cognitive Radio Network	认知无线电网络
CSI	Channel State Information	信道状态信息
CSMA/CA	Carrier Sense Multiple Access with Collision Avoidance	载波侦听冲突避免

DNN	Deep Neural Network	深度神经网络
D-OFDM	Discontinuous-Orthogonal Frequency Division Multiplexing	离散正交频分复用
DVB	Digital Video Broadcasting	数字视频广播
DARPA	Defense Advanced Research Projects Agency	国防部先进研究项目局
EE	Energy Efficiency	能量效率(简称能效)
ETSI	European Telecommunications Standards Institute	欧洲电信标准协会
FCC	Federal Communications Commission	美国联邦通信委员会
FDMA	Frequency Division Multiple Access	频分多址
GSM	Global System for Mobile Communications	全球移动通信系统
ICT	Information and Communication Technologies	信息与通信技术
IEEE	Institute of Electrical and Electronics Engineers	电气和电子工程师协会
IoT	Internet of Things	物联网
IR	Intelligent Radio	智能无线电
ISM	Industrial Scientific Medical	工业科学医疗
IT	Interference Temperature	干扰温度
LP	Linear Programming	线性规划
LTE-A	Long Term Evolution-Advanced	长期演进的演进版本
MAC	Medium Access Control	媒质接入控制
MAP	Multiple Access Protocol	多址接入协议
MIMO	Multiple Input Multiple Output	多输入多输出
ML	Machine Learning	机器学习
M-QAM	Multiple-Quadrature Amplitude Modulation	多电平正交幅度调制
NAV	Network Allocation Vector	网络分配向量

NE	Nash Equilibrium	纳什均衡点
NOMA	Non Orthogonal Multiple Access	非正交多址接入
NP	Non-deterministic Polynomial	非确定多形式
NTIA	National Telecommunications and Information Admiration	美国国家电信和信息管理局
OFDM	Orthogonal Frequency Division Multiplexing	正交频分复用
OSA	Opportunistic Spectrum Access	机会频谱接入
PBS	Primary Base Station	主用户基站
PDF	Probability Density Function	概率密度函数
PT	Primary Transmitter	主用户发送机
PR	Primary Receiver	主用户接收机
PU	Primary User	主用户
QoS	Quality of Service	服务质量
RF	Radio Frequency	射频
RTS	Request To Send	请求发送
SDR	Software Defined Radio	软件无线电
SE	Spectrum Efficiency	频谱效率(简称谱效)
SIC	Successive Interference Cancellation	串行干扰消除
SINR	Signal-to-Interference-plus-Noise Ratio	信干噪比
SNR	Signal-to-Noise Ratio	信噪比
ST	Secondary Transmitter	次级用户发送机
SR	Secondary Receiver	次级用户接收机
SU	Secondary User	次级用户
SWIPT	Simultaneous Wireless Information and Power Transfer	无线携能通信
TCP	Transmission Control Protocol	传输控制协议
TDD	Time Division Duplexing	时分双工
TDMA	Time Division Multiple Access	时分多址
TP	Transmission Parameter	发送参数

UM-MIMO	Ultra-Massive MIMO	超大规模 MIMO
USRP	Universal Software Radio Peripherals	通用软件无线电外设
UWB	Ultra Wide Band	超宽带
WiMAX	Worldwide Interoperability for Microwave Access	全球微波互联接入
WLAN	Wireless Local Area Network	无线局域网
WRAN	Wireless Regional Area Network	无线区域网络
XG	neXt Generation Program	下一代通信计划

参 考 文 献

[1] National Telecommunications and Information Administration(NTIA). United States frequency allocations[R/OL]. http：//www. ntia. doc. gov/files/ntia/publications/2003-allochrt. pdf.

[2] Federal Communications Commission. Spectrum policy task force[R]. ET Docket，No. 15，2002.

[3] MCHENRY M A. NSF Spectrum Occupancy Measurements Project Summary[R/OL]. Technique Report，Shared Spectrum Company，USA，2005. http：//www. sharedspectrum. com/wp-content/uploads/ NSF_Chicago_2005-11_measurements_v12. pdf.

[4] MITOLA J，Jr MAGUIRE G Q. Cognitive radio：making software radios more personal[J]. IEEE Personal Communications，1999，6（4）：13-18.

[5] MITOLA J. Cognitive radio：An integrated agent architecture for software defined radio[D]. Doctor of Technology，Royal Inst. Technol. (KTH)，Stockholm，Sweden，2000.

[6] FCC. Notice of Proposed Rule Making and Order [J]. Rep. ET Docket No. 03-322，2003.

[7] HAYKIN S. Cognitive radio：brain-empowered wireless communications[J]. IEEE Journal on Seleted Areas in Communications，2005，23（2）：201-220.

[8] RIESER C J. Biologically inspired cognitive radio engine model utilizing distributed genetic algorithms for secure and robust wireless communi-

cations and networking[D]. Virginia Polytechnic Institute and State University, 2004.

[9] GOLDSMITH A, JAFAR S A, MARIC I, et al. Breaking spectrum gridlock with cognitive radios: an information theoretic perspective[J]. Proceedings of the IEEE, 2009, 97(5): 894-914.

[10] AKYILDIZ I F, LEE W Y, VURAN M C, et al. A survey on spectrum management in cognitive radio networks [J]. IEEE Communications Magazine, 2008, 46(4): 40-48.

[11] CHEN K C, PRASAD R. Cognitive radio networks[M]. John Wiley & Sons, 2009.

[12] WANG B, LIU K J R. Advances in cognitive radio networks: a survey[J]. IEEE Journal of Selected Topics in Signal Processing, 2011, 5(1): 5-23.

[13] DEVROYE N, VU M, TAROKH V. Cognitive radio networks[J]. IEEE Signal Processing Magazine, 2008, 25(6): 12-23.

[14] WEISS T, JONDRAL F. Spectrum pooling: an innovative strategy for the enhancement of spectrum efficiency[J]. IEEE Communications Magazine, 2004, 42(3): S8-14.

[15] DARPA. The Next Generation Program [EB/OL]. http: //www. darpa. mil/sto/smallunitops/xg. html.

[16] BRODERSEN R W, WOLISZ A, CABRIC D, et al. CORVUS: A cognitive radio approach for usage of virtual unlicensed spectrum[R]. Berkeley Wireless Research Center(BWRC)White paper, 2004.

[17] XU L, TONJES R, PAILA T, et al. DRiVE-ing to the Internet: Dynamic radio for IP services in vehicular environments[C] //Proceedings of 25th Annual IEEE Conference on Local Computer Networks. IEEE, 2000: 281-289.

[18] TÖNJES R, MOESSNER K, LOHMAR T, et al. OverDRiVE-Spectrum

Efficient Multicast Services to Vehicles[J]. 2002.

[19] End-to-End Reconfigurability[EB/OL]. http：//e2r. motlabs. com/deliverables/E2R_WP5_D5. 3_050727. pdf.

[20] BOURSE D, MUCK M, SIMON O, et al. End-to-end reconfigurability (E2R II)：Management and control of adaptive communication systems[C] //IST Mobile Summit. 2006.

[21] 3GPP. 3GPP Release 10 and beyond[R]. 3rd Generation Partnership Project. 2011.

[22] IEEE 802. 22 Wireless Regional Area Networks (WRAN)[S/OL]. http：//www. ieee802. org/22/.

[23] The IEEE Dynamic Spectrum Access Networks Standards Committee (DySPAN-SC)[S/OL]. http：//grouper. ieee. org/groups/dyspan/index. html.

[24] IEEE 802. 16h License-Exempt(LE) Task Group[S/OL]. http：//www. ieee802. org/16/le.

[25] FLORES A, GUERRA R, KNIGHTLY E, et al. IEEE 802. 11af：a standard for TV white space spectrum sharing[J]. IEEE Communications Magazine, 2013, 51(10)：92-100.

[26] 杨春刚, 徐超, 盛敏, 等. 认知 Wi-Fi 2. 0 网络：未来智能无线局域网[J]. 通信学报, 2012, 33(Z2)：71-79.

[27] 冯志勇, 张平, 郎保真, 等. 认知无线网络理论与关键技术[M]. 北京：人民邮电出版社, 2011.

[28] 党建武, 李翠然, 谢健骊. 认知无线电技术与应用[M]. 北京：清华大学出版社, 2012.

[29] 侯赛因·阿尔斯兰. 认知无线电、软件定义无线电和自适应无线系统[M]. 任品毅, 吴广恩, 译. 西安：西安交通大学出版社, 2010.

[30] 约瑟夫·米托拉Ⅲ. 认知无线电架构：无线 XML 的工程基础：engineering foundations of radio XML[M]. 任品毅, 尹稳山, 译. 西

安：西安交通大学出版社，2010.

[31] YUCEK T, ARSLAN H. A survey of spectrum sensing algorithms for cognitive radio applications[J]. IEEE Communications Surveys & Tutorials, 2009, 11(1): 116-130.

[32] DIGHAM F, ALOUINI M, SIMON M. On the energy detection of unknown signals over fading channels [C] //Proceedings of International Conference on Communications(ICC). Anchorage, AK: IEEE. 2003, 5: 3575-3579.

[33] DIGHAM F, ALOUINI M, SIMON M. On the energy detection of unknown signals over fading channels[J]. IEEE Transactions on Communications, 2007, 55(1): 21-24.

[34] HOVEN N, TANDRA R, SAHAI A. Some fundamental limits on cognitive radio[C] //Proceedings of 42nd Allerton Conference on Communication, Control, and Computing. Monticello, IL: Curran Associates, Inc. , 2005: 131-136.

[35] TANDRA R, SAHAI A. Fundamental limits on detection in low SNR under noise uncertainty [C] //Proceedings of International Conference on Wireless Networks, Communications and Mobile Computing. Wuhan, China: IEEE, 2005, 1: 464-469.

[36] ONER M, JONDRAL F. Cyclostationarity based air interface recognition for software radio systems[C] //Radio and Wireless Conference, 2004 IEEE. IEEE, 2004: 263-266.

[37] GARDNER W. Exploitation of spectral redundancy in cyclostationary signals[J]. IEEE Signal Processing Magazine, 1991, 8(2): 14-36.

[38] ZENG Y H, LIANG Y C. Covariance based signal detections for cognitive radio[C] //2nd IEEE International Symposium on New Frontiers in Dynamic Spectrum Access Networks, 2007. DySPAN 2007. IEEE, 2007: 202-207.

[39] ZENG Y H, LIANG Y C. Eigenvalue based spectrum sensing algorithms for cognitive radio[J]. IEEE Transactions on Communications, 2009, 57 (6): 1784-1793.

[40] DONOHO D. Compressed sensing [J]. IEEE Transactions on Information Theory, 2006, 52(4): 1289-1306.

[41] TIAN Z, GIANNAKIS G. Cornpressed sensing for wideband cognitive radios[C] //Proceedings of International Conference on Acoustics, Speech and Signal Processing (ICASSP). Honolulu, HI: IEEE, 2007, 4: IV-1357.

[42] BAZERQUE J, GIANNAKIS G. Distributed spectrum sensing for cognitive radio networks by exploiting sparsity[J]. IEEE Ttansactions on Signal Processing, 2010, 58(3): 1847-1862.

[43] PEH E, LIANG Y C, GUAN Y L, et al. Optimization of cooperative sensing in cognitive radio networks: a sensing-throughput tradeoff view[J]. IEEE Transactions on Vehicular Technology, 2009, 58(9): 5294-5299.

[44] QUAN Z, CUI S, SAYED A. Optimal linear cooperation for spectrum sensing in cognitive radio networks[J]. IEEE Journal of Selected Topics in Signal Processing, 2008, 2(1): 28-40.

[45] WILD B, RAMCHANDRAN K. Detccting primary receivers for cognitive radio applications [C] //First IEEE International Symposium on New Frontiers in Dynamic Spectrum Access Networks, 2005. DySPAN 2005. Baltimore, MD, USA: 124-130.

[46] FCC. ET Docket No. 03-237 Notice of inquiry and notice of proposed Rulemaking[J]. ET Docket No. 03-237, 2003.

[47] FCC. Establishment of interference temperature metric to quantify and manage interference and to expand available unlicensed operation in certain fixed mobile and satellite frequency bands [R]. Notice of

Inquiry and Proposed Rulemaking，ET Docket No. 03-289，2003.

[48] 翁木云，张其星，谢绍斌，等. 频谱管理与检测[M]. 北京：电子工业
出版社，2009.

[49] ZHAO Q，SADLER B M. A survey of dynamic spectrum access[J].
IEEE Signal Processing Magazine，2007，24(3)：79-89.

[50] COASE R H. The federal communications commission[J]. Journal of
law and economics，1959：1-40.

[51] HATFIELD D，WEISER P. Property rights in spectrum：taking the
next step ［C］ //First IEEE International Symposium on New
Frontiers in Dynamic Spectrum Access Networks，2005. DySPAN
2005. IEEE，2005：43-55.

[52] BENKLER Y. Overcoming agoraphobia：Building the commons of the
digitally networked environment[J]. Harv. JL & Tech.，1997，11：287.

[53] LEHR W，CROWCROFT J. Managing shared access to a spectrum
commons ［C］ //First IEEE International Symposium on New
Frontiers in Dynamic Spectrum Access Networks，2005. DySPAN
2005. IEEE，2005：420-444.

[54] RAMAN C，YATES R D，MANDAYAM N B. Scheduling variable
rate links via a spectrum server ［C］ //First IEEE International
Symposium on New Frontiers in Dynamic Spectrum Access
Networks，2005. DySPAN 2005. IEEE，2005：110-118.

[55] ILERI O，SAMARDZIJA D，MANDAYAM N B. Demand responsive
pricing and competitive spectrum allocation via a spectrum server[C]
//First IEEE International Symposium on New Frontiers in Dynamic
Spectrum Access Networks，2005. DySPAN 2005. IEEE，2005：194-
202.

[56] CHUNG S T，KIM S J，LEE J，et al. A game-theoretic approach to
power allocation in frequency-selective Gaussian interference channels

[C]. Proceedings of IEEE International Symposium on Information Theory, Pacifico, 2003: 316-316.

[57] ETKIN R, PAREKH A, TSE D. Spectrum sharing for unlicensed bands[J]. IEEE Journal on Selected Areas in Communications, 2007, 25(3): 517-528.

[58] HUANG J, BERRY R A, HONIG M L. Spectrum sharing with distributed interference compensation[C] //First IEEE International Symposium on New Frontiers in Dynamic Spectrum Access Networks, 2005. DySPAN 2005. IEEE, 2005: 88-93.

[59] AKYILDIZ I F, LEE W Y, VURAN M C, et al. NeXt generation/ dynamic spectrum access/cognitive radio wireless networks: a survey [J]. Computer Networks, 2006, 50(13): 2127-2159.

[60] 徐友云, 李大鹏, 钟卫, 等. 认知无线电网络资源分配: 博弈模型与性能分析[M]. 北京: 电子工业出版社, 2013.

[61] MITOLA J. Cognitive radio for flexible mobile multimedia communications [C] //International Workshop on Mobile Multimedia Communications. 1999 IEEE. IEEE, 1999: 3-10.

[62] KANG X, LIANG Y C, NALLANATHAN A, et al. Optimal power allocation for fading channels in cognitive radio networks: Ergodic capacity and outage capacity[J]. IEEE Transactions on Wireless Communications, 2009, 8(2): 940-950.

[63] ISLAM H, LIANG Y, HOANG A T. Joint power control and beamforming for cognitive radio networks[J]. IEEE Transactions on Wireless Communications, 2008, 7(7): 2415-2419.

[64] JIA J, ZHANG Q. A non-cooperative power control game for secondary spectrum sharing [C] //IEEE International Conference on Communications, 2007. ICC'07. IEEE, 2007: 5933-5938.

[65] HOANG A T, LIANG Y C, ISLAM M H. Power control and channel

allocation in cognitive radio networks with primary users' cooperation [J]. IEEE Transactions on Mobile Computing, 2010, 9(3): 348-360.

[66] MONEMI M, RASTI M, HOSSAIN E. On Joint Power and Admission Control in Underlay Cellular Cognitive Radio Networks[J]. IEEE Wireless Communications, 2015, 14(1): 265-278.

[67] KUMAR R, MIERITZ L. Conceptualizing 'Green' IT and data center power and cooling issues [J]. Gartner research paper, 2007 (G00150322).

[68] GUR G, ALAGOZ F. Green wireless communications via cognitive dimension: an overview[J]. IEEE Network, 2011, 25(2): 50-56.

[69] CHEN Y, ZHANG S, XU S, et al. Fundamental trade-offs on green wireless networks[J]. IEEE Communications Magazine, 2011, 49 (6): 30-37.

[70] Huawei Technologies. Improving energy efficiency, lower CO_2 emission and TCO[R]. Whitepaper, Huawei Energy Efficiency Solution, 2010.

[71] EDLER T, LUNDBERG S. Energy efficiency enhancements in radio access networks[J]. Ericsson Review, 2004, 81(1): 42-51.

[72] HASAN Z, BOOSTANIMEHR H, BHARGAVA V K. Green cellular networks: A survey, some research issues and challenges[J]. IEEE Communications Surveys & Tutorials, 2011, 13(4): 524-540.

[73] XIONG C, LI G Y, ZHANG S, et al. Energy-and spectral-efficiency tradeoff in downlink OFDMA networks[J]. IEEE Transactions on Wireless Communications, 2011, 10(11): 3874-3886.

[74] XIONG C, LI G Y, LIU Y, et al. Energy-efficient design for downlink OFDMA with delay-sensitive traffic[J]. IEEE Transactions on Wireless Communications, 2013, 12(6): 3085-3095.

[75] HE C, SHENG B, ZHU P, et al. Energy- and spectral efficiency tradeoff for distributed antenna systems with proportional fairness

[J]. IEEE Journal on Seleted Areas in Communications, 2011, 31 (5): 894-902.

[76] MIAO G, HIMAYAT N, LI G Y, et al. Low-complexity energy efficient scheduling for uplink OFDMA[J]. IEEE Transactions on Communications, 2012, 60(1): 112-120.

[77] BUZZI S, COLAVOLPE G, SATURNINO D, et al. Potential games for energy-efficient power control and subcarrier allocation in uplink multicell OFDMA systems[J]. IEEE Journal of Selected Topics in Signal Processing, 2012, 6(2): 89-103.

[78] MIAO G, HIMAYAT N, LI G Y, et al. Distributed interference-aware energy-efficient power optimization[J]. IEEE Transactions on Wireless Communications, 2011, 10(4): 1323-1333.

[79] MIAO G, HIMAYAT N, LI G Y. Energy-efficient link adaptation in frequency-selective channels[J]. IEEE Transactions on Communications, 2010, 58(2): 545-554.

[80] CHENG W, ZHANG X, ZHANG H. Joint spectrum and power efficiencies optimization for statistical QoS provisionings over SISO/ MIMO wireless networks[J]. IEEE Journal on Selected Areas in Communications, 2013, 31(5): 903-915.

[81] MAO J, XIE G, GAO J, et al. Energy efficiency optimization for OFDM-based cognitive radio systems: a water-filling factor aided search method[J]. IEEE Transactions on Wireless Communications, 2013, 12(5): 2366-2375.

[82] GAO S, QIAN L, VAMAN D R. Distributed energy efficient spectrum access in cognitive radio wireless ad hoc networks [J]. IEEE Transactions on Wireless Communications, 2009, 8(10): 5202-5213.

[83] XU C, SHENG M, YANG C, et al. Pricing-based multiresource allocation in OFDMA cognitive radio networks: An energy efficiency

perspective[J]. IEEE Transactions on Vehicular Technology, 2014, 63(5): 2336-2348.

[84] WANG S, GE M, ZHAO W. Energy-efficient resource allocation for OFDM-based cognitive radio networks [J]. IEEE Transactions on Communications, 2013, 61(8): 3181-3191.

[85] CORMIO C, CHOWDHURY K R. A survey on MAC protocols for cognitive radio networks[J]. Ad Hoc Networks, 2009, 7(7): 1315-1329.

[86] LIEN S Y, TSENG C C, CHEN K C. Carrier sensing based multiple access protocols for cognitive radio networks[C] //IEEE International Conference on Communications, 2008. ICC'08. IEEE, 2008: 3208-3214.

[87] MA L, SHEN C C, RYU B. Single-radio adaptive channel algorithm for spectrum agile wireless ad hoc networks [C] //2nd IEEE International Symposium on New Frontiers in Dynamic Spectrum Access Networks, 2007. DySPAN 2007. IEEE, 2007: 547-558.

[88] JIA J, ZHANG Q, SHEN X. HC-MAC: a hardware-constrained cognitive MAC for efficient spectrum management[J]. IEEE Journal on Selected Areas in Communications, 2008, 26(1): 106-117.

[89] MA L, HAN X, SHEN C C. Dynamic open spectrum sharing MAC protocol for wireless ad hoc networks[C] //First IEEE International Symposium on New Frontiers in Dynamic Spectrum Access Networks, 2005. DySPAN 2005. IEEE, 2005: 203-213.

[90] PAWELCZAK P, VENKATESHA P R, XIA L, et al. Cognitive radio emergency networks-requirements and design[C] //First IEEE International Symposium on New Frontiers in Dynamic Spectrum Access Networks, 2005. DySPAN 2005. IEEE, 2005: 601-606.

[91] CORDEIRO C, CHALLAPALI K. C-MAC: A cognitive MAC protocol for multi-channel wireless networks [C] //2nd IEEE International Symposium on New Frontiers in Dynamic Spectrum Access Networks,

2007. DySPAN 2007. IEEE, 2007: 147-157.

[92] ZHANG X, SU H. Opportunistic Spectrum Sharing Schemes for CDMA-Based Uplink MAC in Cognitive Radio Networks[J]. IEEE Journal on Selected Areas in Communications, 2011, 29(4): 716-730.

[93] ZOU C, CHIGAN C. A game theoretic DSA-driven MAC framework for cognitive radio networks[C] //IEEE International Conference on Communications, 2008. ICC'08. IEEE, 2008: 4165-4169.

[94] HAMDAOUI B, SHIN K G. OS-MAC: An efficient MAC protocol for spectrum-agile wireless networks [J]. IEEE Transactions on Mobile Computing, 2008, 7(8): 915-930.

[95] ZHAO Q, TONG L, SWAMI A, et al. Decentralized cognitive MAC for opportunistic spectrum access in ad hoc networks: A POMDP framework[J]. IEEE Journal on Selected Areas in Communications, 2007, 25(3): 589-600.

[96] KONDAREDDY Y R, AGRAWAL P. Synchronized MAC protocol for multi-hop cognitive radio networks [C] //IEEE International Conference on Communications, 2008. ICC'08. IEEE, 2008: 3198-3202.

[97] SU H, ZHANG X. Opportunistic MAC protocols for cognitive radio based wireless networks[C] //41st Annual Conference on Information Sciences and Systems, 2007. CISS'07. IEEE, 2007: 363-368.

[98] ZHANG X, SU H. CREAM - MAC: cognitive radio-enabled multi-channel MAC protocol over dynamic spectrum access networks[J]. IEEE Journal of Selected Topics in Signal Processing, 2011, 5(1): 110-123.

[99] SU H, ZHANG X. Cross-layer based opportunistic MAC protocols for QoS provisioning over cognitive radio wireless networks[J]. IEEE Journal on Selected Areas in Communications, 2008, 26(1): 118-129.

[100] GAVRILOVSKA L, DENKOVSKI D, RAKOVIC V, et al. Medium

access control protocols in cognitive radio networks: overview and general classification[J]. IEEE Communications Surveys & Tutorials, 2014, 16(4): 2092-2124.

[101] ZHENG G, MA S, WONG K K, et al. Robust beamforming in cognitive radio[J]. IEEE Transactions on Wireless Communications, 2010, 9(2): 570-576.

[102] KIM S J, SOLTANI N Y, GIANNAKIS G B. Resource allocation for OFDMA cognitive radios under channel uncertainty[J]. IEEE Transactions on Wireless Communications, 2013, 12(7): 3578-3587.

[103] WANG J, BENGTSSON M, OTTERSTEN B, et al. Robust MIMO precoding for several classes of channel uncertainty [J]. IEEE Transactions on Signal Processing, 2013, 61(12): 3056-3070.

[104] BJORNSON E, ZHENG G, BENGTSSON M, et al. Robust monotonic optimization framework for multicell MISO systems[J]. IEEE Transactions on Signal Processing, 2012, 60(5): 2508-2523.

[105] BEN-TAL A, NEMIROVSKI A. Selected topics in robust convex optimization[J]. Mathematical Programming, 2008, 112(1): 125-158. [OL]. http: //dx. doi. org/10. 1007/s10107-006-0092-2.

[106] PASCUAL-ISERTE A, PALOMAR D P, PÉREZ-NEIRA A I, et al. A robust maximin approach for MIMO communications with imperfect channel state information based on convex optimization[J]. IEEE Transactions on Signal Processing, 2006, 54(1): 346-360.

[107] PARSAEEFARD S, SHARAFAT A R. Robust worst-case interference control in underlay cognitive radio networks[J]. IEEE Transactions on Vehicular Technology, 2012, 61(8): 3731-3745.

[108] SETOODEH P, HAYKIN S. Robust transmit power control for cognitive radio[J]. Proceedings of the IEEE, 2009, 97(5): 915-939.

[109] YANG Y, SCUTARI G, SONG P, et al. Robust MIMO cognitive

radio systems under interference temperature constraints[J]. IEEE Journal on Selected Areas in Communications, 2013, 31 (11): 2465-2482.

[110] ZHENG G, WONG K K, Ottersten B. Robust cognitive beamforming with bounded channel uncertainties[J]. IEEE Transactions on Signal Processing, 2009, 57(12): 4871-4881.

[111] GOLDSMITH A J. Wireless Communications [M]. London: Cambridge University Press, 2005.

[112] AKYILDIZ I F, LO B F, BALAKRISHNAN R. Cooperative spectrum sensing in cognitive radio networks: a survey[J]. Physical Communication, 2011, 4 (1): 40-62. [OL]. http: //www. sciencedirect. com/science/ article/pii/S187449071000039X.

[113] SU H, ZHANG X. Energy-efficient spectrum sensing for cognitive radio networks [C] //2010 IEEE International Conference on Communications. ICC'10. IEEE, 2010: 1-5.

[114] POSTON J D, HORNE W D. Discontiguous OFDM considerations for dynamic spectrum access in idle TV channels[C] //First IEEE International Symposium on New Frontiers in Dynamic Spectrum Access Networks, 2005. DySPAN 2005. IEEE, 2005: 607-610.

[115] GOLDSMITH A J, CHUA G. Variable-rate variable-power M − QAM for fading channels[J]. IEEE Transactions on Communications, 1997, 45 (10): 1218-1230.

[116] ALOUINI M S, GOLDSMITH A J. Adaptive modulation over Nakagami fading channels[J]. Wireless Personal Communications, 2000, 13(1-2): 119-143.

[117] BIANCHI G. Performance analysis of the IEEE 802. 11 distributed coordination function [J]. IEEE Journal on Selected Areas in Communications, 2000, 18(3): 535-547.

[118] WANG L, SHENG M, ZHANG Y, et al. Robust energy efficiency maximization in cognitive radio networks: the worst-case optimization approach[J]. IEEE Transactions on Communications, 2015, 63(1): 51-65.

[119] OZCAN G, GURSOY M C. Energy-efficient power adaptation for cognitive radio systems under imperfect channel sensing[C] //2014 IEEE Conference on Computer Communications Workshops(INFOCOM WKSHPS). IEEE, 2014: 706-711.

[120] KANG X, ZHANG R, LIANG Y C, et al. Optimal power allocation strategies for fading cognitive radio channels with primary user outage constraint[J]. IEEE Journal on Selected Areas in Communications, 2011, 29(2): 374-383.

[121] GONG X, ISPAS A, DARTMANN G, et al. Outage-constrained power allocation in spectrum sharing systems with partial CSI[J]. IEEE Transactions on Communications, 2014, 62(2): 452-466.

[122] BEN-TAL A, EL GHAOUI L, NEMIROVSKI A. Robust optimization [M]. New Jersey, USA: Princeton University Press, 2009.

[123] SMITH P J, DMOCHOWSKI P A, SURAWEERA H A, et al. The effects of limited channel knowledge on cognitive radio system capacity[J]. IEEE Transactions on Vehicular Technology, 2013, 62 (2): 927-933.

[124] SURAWEERA H A, SMITH P J, SHAFI M. Capacity limits and performance analysis of cognitive radio with imperfect channel knowledge[J]. IEEE Transactions on Vehicular Technology, 2010, 59(4): 1811-1822.

[125] BOYD S P, VANDENBERGHE L. Convex Optimization[M]. London: Cambridge University Press, 2004.

[126] DINKELBACH W. On nonlinear fractional programming[J]. Management

Science, 1967, 13(7): 492-498.

[127] BOYD S P, XIAO L, MUTAPCIC A. Subgradient methods[J]. Lecture notes of EE392o, Stanford University, Autumn Quarter, 2003, 2004: 2004-2005.

[128] NG D W K, LO E S, SCHOBER R. Energy-efficient resource allocation for secure OFDMA systems[J]. IEEE Transactions on Vehicular Technology, 2012, 61(6): 2572-2585.

[129] Report of the spectrum efficiency working group [EB/OL]. Nov. , 2002. http://www.ictregulationtoolkit.org/en/Document.2831.pdf.

[130] NG D W K, LO E S, SCHOBER R. Energy-efficient resource allocation in multi-cell OFDMA systems with limited backhaul capacity[J]. IEEE Transactions on Wireless Communications, 2012, 11(10): 3618-3631.

[131] PARSAEEFARD S, SHARAFAT A R. Robust distributed power control in cognitive radio networks [J]. IEEE Transactions on Mobile Computing, 2013, 12(4): 609-620.

[132] ZHENG G, SONG S, WONG K K, et al. Cooperative cognitive networks: Optimal, distributed and low-complexity algorithms[J]. IEEE Transactions on Signal Processing, 2013, 61(11): 2778-2790.

[133] BERTSIMAS D, PACHAMANOVA D, SIM M. Robust linear optimization under general norms[J]. Operations Research Letters, 2004, 32(6): 510-516.

[134] SHENOUDA M B, DAVIDSON T N. Convex conic formulations of robust downlink precoder designs with quality of service constraints [J]. IEEE Journal of Selected Topics in Signal Processing, 2007, 1 (4): 714-724.

[135] PAYARó M, PASCUAL-ISERTE A, LAGUNAS M A. Robust power allocation designs for multiuser and multiantenna downlink

communication systems through convex optimization [J]. IEEE Journal on Selected Areas in Communications, 2007, 25 (7): 1390-1401.

[136] SHEN H, WANG J, LEVY B C, et al. Robust optimization for amplify-and-forward MIMO relaying from a worst-case perspective [J]. IEEE Transactions on Signal Processing, 2013, 61 (21): 5458-5471.

[137] AXELL E, LEUS G, LARSSON E G, et al. Spectrum sensing for cognitive radio: State-of-the-art and recent advances [J]. IEEE Signal Processing Magazine, 2012, 29(3): 101-116.

[138] ZHANG Y, DALLANESE E, GIANNAKIS G B. Distributed optimal beamformers for cognitive radios robust to channel uncertainties [J]. IEEE Transactions on Signal Processing, 2012, 60(12): 6495-6508.

[139] WANG J, PALOMAR D P. Worst-case robust MIMO transmission with imperfect channel knowledge[J]. IEEE Transactions on Signal Processing, 2009, 57(8): 3086-3100.

[140] GHARAVOL E A, LIANG Y C, MOUTHAAN K. Robust downlink beamforming in multiuser MISO cognitive radio networks with imperfect channel-state information [J]. IEEE Transactions on Vehicular Technology, 2010, 59(6): 2852-2860.

[141] WANG J, SCUTARI G, PALOMAR D P. Robust MIMO cognitive radio via game theory[J]. IEEE Transactions on Signal Processing, 2011, 59(3): 1183-1201.

[142] HUANG J, SWINDLEHURST A L. Robust secure transmission in MISO channels based on worst-case optimization [J]. IEEE Transactions on Signal Processing, 2012, 60(4): 1696-1707.

[143] SCHAIBLE S. Fractional Programming II: On Dinkelbach's Algorithm[J/OL]. http: //pubsonline. informs. org/doi/abs/10.

1287/mnsc. 22. 8. 868. Management Science，1976，22：868-873.

[144] CVX Research，Inc. CVX：Matlab software for disciplined convex programming，version 2. 0[CP]. http：//cvxr. com/cvx，April 2011.

[145] XU C，SHENG M，WANG X，et al. Distributed subchannel allocation for interference mitigation in OFDMA Femtocells：a utility-based learning approach[J]. IEEE Transactions on Vehicular Technology，2015，64(6)：2463-2475.

[146] BENSON H P. Deterministic algorithms for constrained concave minimization：A unified critical survey[J]. Naval Research Logistics，1996，43(6)：765-795.

[147] BENSON H P，HORST R. A branch and bound-outer approximation algorithm for concave minimization over a convex set[J]. Computers & Mathematics with Applications，1991，21(6)：67-76.

[148] BENSON H P. A finite algorithm for concave minimization over a polyhedron[J]. Naval Research Logistics Quarterly，1985，32(1)：165-177.

[149] STRANG G. Introduction to linear algebra(the 4th ed)[M]. Cambridge，MA，USA：Wellesley-Cambridge，Feb. 2009.

[150] 王亮，盛敏，张琰，等. 基于信道状态感知的多信道认知多址接入协议[J]. 通信学报，2014，000(004)：65-73.

[151] WANG L，SHENG M，WANG X，et al. Mean Energy Efficiency Maximization in Cognitive Radio Channels With PU Outage Constraint[J]. IEEE Communications Letters，2015，19(2)：287-290.

[152] WANG L，SHENG M，ZHANG Y，et al. Robust Energy Efficiency Maximization in Cognitive Radio Networks：The Worst-Case Optimization Approach[J]. IEEE Transactions on Communications，2015，63(1)：51-65.

[153] CIRIK A C，BISWAS S，TAGHIZADEH O，et al. Robust transceiver

design in full-duplex MIMO cognitive radios[J]. IEEE Transactions on Vehicular Technology, 2017, 67(2): 1313-1330.

[154] MOUROUGAYANE K, SRIKANTH S. A tri-band full-duplex cognitive radio transceiver for tactical communications[J]. IEEE Communications Magazine, 2020, 58(2): 61-65.

[155] TSINOS C G, CHATZINOTAS S, OTTERSTEN B. Hybrid analog-digital transceiver designs for multi-user MIMO mmWave cognitive radio systems[J]. IEEE Transactions on Cognitive Communications and Networking, 2020, 6(1): 310-324.

[156] TANG W, CHEN M Z, DAI J Y, et al. Wireless communications with programmable metasurface: new paradigms, opportunities, and challenges on transceiver design[J]. IEEE Wireless Communications, 2020, 27(2): 180-187.

[157] ZENG M, HAO W, DOBRE O A, et al. Cooperative NOMA: state of the art, key techniques, and open challenges[J]. IEEE Network, 2020, 34(5): 205-211.

[158] ZHOU F, WU Y, LIANG Y C, et al. State of the art, taxonomy, and open issues on cognitive radio networks with NOMA[J]. IEEE Wireless Communications, 2018, 25(2): 100-108.

[159] LI G, MISHRA D, JIANG H. Channel-aware power allocation and decoding order in overlay cognitive NOMA networks[J]. IEEE Transactions on Vehicular Technology, 2020, 69(6): 6511-6524.

[160] XU Y, HU R Q, LI G. Robust energy-efficient maximization for cognitive NOMA networks under channel uncertainties[J]. IEEE Internet of Things Journal, 2020, 7(9): 8318-8330.

[161] BASTAMI A H. NOMA-based spectrum leasing in cognitive radio network: power optimization and performance analysis[J]. IEEE Transactions on Communications, 2021, 69(7): 4821-4831.

[162] SUN H, ZHOU F, HU R Q, et al. Robust beamforming design in an NOMA cognitive radio network relying on SWIPT[J]. IEEE Journal on Selected Areas in Communications, 2019, 37(1): 142-155.

[163] LU W, SI P, HUANG G, et al. SWIPT cooperative spectrum sharing for 6G-enabled cognitive IoT network [J]. IEEE Internet of Things Journal, 2021, 8(20): 15070 - 15080.

[164] XU Y, SUN H, YE Y. Distributed resource allocation for SWIPT-based cognitive Ad-Hoc networks[J]. IEEE Transactions on Cognitive Communications and Networking, 2021, Eearly Access. DOI: 10.1109/JCCN. 2021. 3068396.

[165] TAYEL A F, RABIA S I, ABD EL-MALEK A H, et al. Throughput maximization of hybrid access in multi-class cognitive radio networks with energy harvesting[J]. IEEE Transactions on Communications, 2021, 69(5): 2962-2974.

[166] ZHOU X, SUN M, LI G Y, et al. Intelligent wireless communications enabled by cognitive radio and machine learning[J]. China Communications, 2018, 15(12): 16-48.

[167] ZHU P, LI J, WANG D, et al. Machine-learning-based opportunistic spectrum access in cognitive radio networks [J]. IEEE Wireless Communications, 2020, 27(1): 38-44.

[168] KAUR A, KUMAR K. Imperfect CSI based intelligent dynamic spectrum management using cooperative reinforcement learning framework in cognitive radio networks [J]. IEEE Transactions on Mobile Computing, 2020, Eearly Access. DOI: 10. 1109/TMC. 2020. 3026415.

[169] LEE W, LEE K. Deep learning-aided distributed transmit power control for underlay cognitive radio network[J]. IEEE Transactions on Vehicular Technology, 2021, 70(4):3990 - 3994.

[170] KHALEK N A, HAMOUDA W. From cognitive to intelligent

secondary cooperative networks for the future Internet: design, advances, and challenges[J]. IEEE Network, 2021, 35(3): 168 – 175.

[171] WANG D, SONG B, CHEN D, et al. Intelligent cognitive radio in 5G: AI-based hierarchical cognitive cellular networks [J]. IEEE Wireless Communications, 2019, 26(3): 54-61.

[172] QIN Z, ZHOU X, ZHANG L, et al. 20 years of evolution from cognitive to intelligent communications[J]. IEEE Transactions on Cognitive Communications and Networking, 2020, 6(1): 6-20.

[173] QIN Z, LI G Y. Pathway to intelligent radio[J]. IEEE Wireless Communications, 2020, 27(1): 9-15.